高等职业院校教学改革创新教材·软件开发系列

SQL Server 2014数据库项目案例教程

许健才 王 玥 主 编
刘晓瑞 关 中 副主编

电子工业出版社
Publishing House of Electronics Industry
北京·BEIJING

内 容 简 介

本书以"项目载体,任务驱动"的方式,介绍了SQL Server 2014数据库应用中的主要理论知识和技能知识。全书以一个B2C电子商务平台为贯穿项目,并进一步依据工作过程将整个工程划分为6个相对独立的项目,每个项目划分为若干个任务,将数据库设计、数据规范化、数据表的创建和管理、表数据操作、查询、数据完整性、索引、视图、存储过程、触发器、备份与还原、数据安全管理、事务等知识嵌入到这些任务中,从而完成一个完整的数据库系统。

本书注重培养"提出问题、解决问题"的能力,以学习者的角度设计任务背景,引导读者自己提出问题、解决问题。本书内容有一定的理论知识深度,案例有较好的通用性和实用性,结合了编者长期从事数据库教学的研究心得和数据库管理系统开发经验。

本书既可作为高等职业院校的教材,也可作为各类职业技术学校、数据库管理人员、数据库系统开发人员的学习和参考用书。

未经许可,不得以任何方式复制或抄袭本书之部分或全部内容。
版权所有,侵权必究。

图书在版编目(CIP)数据

SQL Server 2014 数据库项目案例教程 / 许健才,王玥主编. —北京:电子工业出版社,2017.2
ISBN 978-7-121-30632-7

Ⅰ. ①S… Ⅱ. ①许… ②王… Ⅲ. ①关系数据库系统-教材 Ⅳ. ①TP311.138

中国版本图书馆CIP数据核字(2016)第305968号

策划编辑:程超群
责任编辑:郝黎明
印　　刷:北京七彩京通数码快印有限公司
装　　订:北京七彩京通数码快印有限公司
出版发行:电子工业出版社
　　　　　北京市海淀区万寿路173信箱　邮编 100036
开　　本:787×1 092　1/16　印张:12.25　字数:313.6千字
版　　次:2017年2月第1版
印　　次:2022年1月第7次印刷
定　　价:35.00元

凡所购买电子工业出版社图书有缺损问题,请向购买书店调换。若书店售缺,请与本社发行部联系,联系及邮购电话:(010)88254888,88258888。
质量投诉请发邮件至 zlts@phei.com.cn,盗版侵权举报请发邮件至 dbqq@phei.com.cn。
本书咨询联系方式:(010)88254577,ccq@phei.com.cn。

SQL Server 是微软公司推出的网络关系型数据库管理系统，在经历了多年的演变和洗礼之后有了长足的发展。SQL Server 2014 更是一个优秀的版本，它推出了许多新的特性和关键的改进，集成了商业智能、数据库引擎和分析服务等优异功能，正以其易用性、安全性、高可编程性和相对低廉的价格得到越来越多用户的青睐，也有越来越多的院校开设 SQL Server 数据库相关的课程。基于这样的背景，编者编写了本书。

本书以一个学生比较熟悉的 B2C 电子商务平台为贯穿项目，并做了相应的简化，力求业务流程简单易懂。全书划分为 6 个相对独立的子项目，每个子项目由若干任务和扩展实训组成，合计 18 个任务和 18 个扩展实训，涵盖了从数据库的设计，建立数据库，建立和管理数据表，数据增、删、改和查询等基础知识，到存储过程、触发器、事务等高级应用；扩展实训对每个任务的知识和技能要点进行了巩固和扩展。本书最后的附录提供了一份通过 CMII4 认证的国内某大型软件公司的数据库设计规范，供读者参考。

书中每一个任务由 6 部分组成：任务背景、任务需求、任务分析、知识要点、任务实施、课堂互动。任务背景由学生小 Q 和企业工程师的对话引出，点出该任务知识的缘由；任务需求中对任务的具体要求做了说明；任务分析中对要完成任务的知识和技能做了简单分析；知识要点具体介绍了要完成本任务所用到的知识要点；任务实施中分步骤完成了任务；课堂互动引导学生进一步思考。在各个任务的衔接上，教材重视小 Q 的思维成长历程，由"遇到难题、提出问题、寻求帮助、引导思考、提出解决办法"的过程来讲述每个任务知识点的应用背景、功能作用、使用方法，使读者"知其然"，也"知其所以然"。

本书提供了丰富的配套教学课件、案例数据库、习题集供教学使用，可从华信教育资源网（www.hxedu.com.cn）免费下载，或通过电子邮箱 xjc@gcp.edu.cn 向编者索取。

本书由广州城市职业学院许健才老师和长春职业技术学院王玥老师担任主编，广州城市职业学院刘晓瑞老师和关中老师担任副主编。全书由许健才老师负责总体构架、校改以及定稿工作。

在编写本书的过程中，编者得到了各方的支持和帮助，在此向他们表示感谢：感谢广东省轻工职业技术学校陈舒心老师、广州市公用事业高级技工学校彭婀娜老师，他们对本书的形式和内容提供的有益建议；感谢广州工程职业技术学院徐国辉老师、广州财经职业学校刘佳苏老师，他们对本书代码进行了测试并提出了部分修改建议；感谢广州城市职业学院教务处吴勇处长、刘力铭系主任、洪洲教授，他们对本书的编写提出了许多宝贵意见。

本书是广州城市职业学院广东省示范性高等职业院校建设成果，获该校立项支持；本书也是广州城市职业学院"开展地方政府促进高等职业教育综合改革试点"2013年度攻关项目"2013年广东省大学生校外实践教学基础——软件服务外包人才培训基地"（项目编号：JY2013125）的研究成果之一，并作为培训基地的指定教材。

由于编写时间仓促，加之编者水平有限，书中疏漏和不足之处在所难免，敬请有关专家、读者批评指正。

编　者

CONTENTS 目录

预备知识与项目总览 ... 1
项目1　数据库设计与规范化 ... 9
　　任务1　数据库设计 ... 9
　　任务2　数据库规范化 ... 18
　　拓展实训1-1　图书管理系统数据库设计 ... 22
　　项目小结 ... 22
　　习题1 ... 23
项目2　数据库的创建和维护 ... 26
　　任务1　SQL Server 2014安装及服务器配置 ... 26
　　任务2　创建数据库 ... 35
　　拓展实训2-1　查看、修改、删除数据库 ... 41
　　扩展训练2-2　分离与附加数据库 ... 41
　　项目小结 ... 42
　　习题2 ... 42
项目3　创建和管理表 ... 44
　　任务1　创建表 ... 44
　　任务2　数据完整性设置 ... 52
　　拓展实训3-1　查看表信息、修改表结构、删除表 ... 59
　　拓展实训3-2　表数据导入导出 ... 60
　　项目小结 ... 62
　　习题3 ... 62
项目4　数据插入、删除、修改和查询 ... 64
　　任务1　插入、修改、删除表数据 ... 64
　　任务2　简单查询 ... 72
　　任务3　分类汇总 ... 82
　　任务4　高级查询 ... 89
　　拓展实训4-1　插入数据、修改数据、删除数据 ... 96
　　拓展实训4-2　简单查询 ... 97
　　拓展实训4-3　分类汇总 ... 98

拓展实训 4-4　高级查询 ··· 99
　　项目小结 ··· 99
　　习题 4 ·· 100

项目 5　数据库高级管理 ··· 102
　　任务 1　视图的创建与应用 ··· 102
　　任务 2　T-SQL 编程 ·· 107
　　任务 3　存储过程的创建与应用 ·· 118
　　任务 4　触发器的创建与应用 ··· 127
　　拓展实训 5-1　创建、修改、删除视图 ··· 132
　　拓展实训 5-2　T-SQL 编程 ··· 133
　　拓展实训 5-3　创建存储过程 ··· 134
　　拓展实训 5-4　创建触发器 ·· 135
　　项目小结 ·· 135
　　习题 5 ·· 135

项目 6　查询优化和安全管理 ·· 138
　　任务 1　应用索引提高查询速度 ·· 138
　　任务 2　数据库备份与恢复 ·· 144
　　任务 3　数据库安全配置 ·· 148
　　任务 4　事务、异常处理、并发控制 ··· 155
　　拓展实训 6-1　创建索引 ·· 160
　　拓展实训 6-2　数据库备份与恢复 ··· 161
　　拓展实训 6-3　数据库安全配置 ·· 162
　　拓展实训 6-4　事务和异常处理 ·· 162
　　拓展实训 6-5　查询优化 ·· 163
　　项目小结 ·· 164
　　习题 6 ·· 164

附录 A　习题参考答案 ·· 167
附录 B　某大型软件公司数据库设计规范 ·· 173
参考文献 ··· 190

预备知识与项目总览

数据库是按照数据结构来组织、存储和管理数据的仓库。数据库技术在整个计算机技术中是非常重要和不可或缺的,通过数据库才能进行数据的有效组织、存储、处理、交流和共享。

本书通过工作任务的形式讲解数据库知识,在这之前,有必要了解一下数据库的一些基本概念、项目背景,以及知识点分布。

一、数据库基础

1. 概述

下面先来了解一下数据、信息、数据处理、数据库、数据库技术等概念。

数据(Data)是人们描述客观事物及其活动的抽象符号表示,是人们相互之间进行思想文化交流的工具。根据人们的种族和文化背景的不同,所使用的数据也不同。例如,中国人和英国人,其描述客观事物的数据表达形式不相同,一个使用汉语,一个使用英语。

数据不但可以为声音和文字,也可以为图形、图像、绘画、录像、视频等形式。

信息(Information):信息是人们消化理解的数据,是人们进行各种活动所需要的知识。数据与信息既有联系又有区别。信息是一个抽象概念,是反映现实世界的知识,是被加工成特定形式的数据,用不同的数据形式可以表示同样的信息内容。

信息与数据的关系:信息=数据+处理,即信息是经过加工处理后的数据。

数据处理(Data Processing)是人们利用手工或机器对数据进行加工的过程。对数据进行的查找、统计、分类、修改、变换等运算都属于加工。

利用计算机进行数据处理,使得数据处理技术不断丰富和发展。

数据库是长期存储在计算机内、有组织的、可共享的数据集合。这种数据集合具有如下特点:尽可能不重复,以最优方式为某个特定组织的多种应用服务,其数据结构独立于使用它的应用程序,对数据的增、删、改、查由统一软件进行管理和控制。从发展的历史看,数据库是数据管理的高级阶段,它是由文件管理系统发展起来的。

数据库技术研究和管理的对象是数据,所以数据库技术所涉及的具体内容主要包括:通过对数据的统一组织和管理,按照指定的结构建立相应的数据库和数据仓库;利用数据库管理系统和数据挖掘系统设计出能够对数据库中的数据进行添加、修改、删除、处理、分析、理解、报表和打印等多种功能的数据管理和数据挖掘应用系统;并利用管理系统最终实现对数据的处理、分析和理解。

目前,数据库技术是信息系统的一个核心技术;是一种计算机辅助管理数据的方法,它研究如何组织和存储数据,如何高效地获取和处理数据;是通过研究数据库的结构、存储、设计、管理以及应用的基本理论和实现方法,并利用这些理论来实现对数据库中的数据进行处理、分析和理解的技术。

2. 产生背景

数据库技术产生于 20 世纪 60 年代末 70 年代初,其主要目的是有效地管理和存取大量的数据资源。数据库技术主要研究如何存储、使用和管理数据。数年来,数据库技术和计算机网络技术的发展相互渗透、相互促进,已成为当今计算机领域发展迅速、应用广泛的两大领域。数据库技术不仅应用于事务处理,并且进一步应用到了情报检索、人工智能、专家系统、计算机辅助设计等领域。

数据管理技术的发展大致经过了以下 3 个阶段:人工管理阶段;文件系统阶段;数据库系统阶段。

1)人工管理阶段

20 世纪 50 年代以前,计算机主要用于数值计算。从当时的硬件来看,外存只有纸带、卡片、磁带,没有直接存取设备;从软件来看(实际上,当时还未形成软件的整体概念),没有操作系统以及管理数据的软件;从数据来看,数据量小,数据无结构,由用户直接管理,且数据间缺乏逻辑组织,数据依赖于特定的应用程序,缺乏独立性。

2)文件系统阶段

20 世纪 50 年代后期到 20 世纪 60 年代中期,出现了磁鼓、磁盘等数据存储设备。新的数据处理系统迅速发展起来。这种数据处理系统把计算机中的数据组织成相互独立的数据文件,系统可以按照文件的名称对其进行访问,对文件中的记录进行存取,并可以实现对文件的修改、插入和删除,这就是文件系统。文件系统实现了记录内的结构化,即给出了记录内各种数据间的关系。但是,文件从整体来看却是无结构的。其数据面向特定的应用程序,因此数据共享性、独立性差,且冗余度大,管理和维护的代价也很大。

3)数据库系统阶段

20 世纪 60 年代后期,出现了数据库数据管理技术。数据库的特点是数据不再只针对某一特定应用,而是面向全组织,具有整体的结构性,共享性高,冗余度小,具有一定的程序与数据间的独立性,并且实现了对数据的统一控制。

3. 数据模型

数据模型是现实世界在数据库中的抽象,也是数据库系统的核心和基础。数据模型通常包括 3 个要素。

(1)数据结构。数据结构主要用于描述数据的静态特征,包括数据的结构和数据间的联系。

(2)数据操作。数据操作是指在数据库中能够进行的查询、修改、删除现有数据或增加新数据的各种数据访问方式,并且包括数据访问的相关规则。

(3)数据完整性约束。数据完整性约束由一组完整性规则组成,只允许在满足该组织规则的条件下对数据库进行插入、删除和更新等操作。

数据库理论领域中最常见的数据模型主要有层次模型、网状模型和关系模型 3 种。

(1)层次模型(Hierarchical Model)。层次模型使用树形结构来表示数据以及数据之间的联系。

(2)网状模型(Network Model)。网状模型使用网状结构表示数据以及数据之间的联系。

(3) 关系模型 (Relational Model)。关系模型是一种理论最成熟、应用最广泛的数据模型。在关系模型中，数据存放在一种称为二维表的逻辑单元中，整个数据库又是由若干个相互关联的二维表组成的。

4. 关系数据模型

1970 年，美国 IBM 公司 San Jose 研究室的研究员 E. F. Codd 首次提出了数据库系统的关系模型，开创了数据库的关系方法和关系数据理论的研究，为数据库技术奠定了理论基础。由于他的杰出工作，其于 1981 年获得图灵奖。

关系数据模型有着坚实的理论支持，它是建立在集合论、数理逻辑、关系理论等数学理论基础之上的。关系数据模型结构简单，符合人们的逻辑思维方式，很容易被人们所接受和使用，很容易在计算机上实现，很容易从概念数据模型转换过来。

关系模型是一种简单的二维表格结构，概念模型中的每个实体和实体之间的联系都可以直接转换为对应的二维表形式。每个二维表称为一个关系，一个二维表的表头，即所有列的标题称为关系的型（结构），其表体（内容）称为关系的值。关系中的每一行数据（记录）称为一个元组，每一列数据称为一个属性，列标题称为属性名。同一个关系中不允许出现重复元组（即两个完全相同的元组）和相同属性名的属性（列）。

表 0.1.1 就是一个二维表，即一个关系，每一行代表一条学生记录。

表 0.1.1 关系模型示例

学　号	姓　名	性　别	电　话	年　龄	班　级
0602110136	谢文辉	男	13338888881	18	09 软件技术
0602110104	易胜辉	男	13338888882	18	09 软件技术
0602110119	袁子文	男	13338888883	19	09 软件技术
0602110145	罗青伊	女	13338888884	17	09 软件技术
0602110150	钟婷婷	女	13338888885	18	09 软件技术

5. 关系数据库

关系数据库是采用关系模型作为数据组织方式的数据库。关系数据库的特点在于它将每个具有相同属性的数据独立地存储在一个表中。对任一表而言，用户可以新增、删除和修改表中的数据，而不会影响表中的其他数据。关系数据库产品一问世，就以其简单清晰的概念，易懂易学的数据库语言，深受广大用户喜爱。

关系数据库的层次结构可以分为 4 级：数据库（Database）、表（Table）与视图（View）、记录（Record）和字段（Field）。相应的关系理论中的术语是数据库、关系、元组和属性，分别说明如下。

1）数据库

关系数据库可按其数据存储方式以及用户访问的方式而分为本地数据库和远程数据库两种类型。

（1）本地数据库：本地数据库驻留在本机驱动器或局域网中，如果多个用户并发访问数据库，则采取基于文件的锁定（防止冲突）策略，因此，本地数据库又称为基于文件的数据库。典型的本地数据库有 MySQL、Access 等。基于本地数据库的应用程序称为单层应用程序，因为数据库和应用程序处于同一个文件系统中。

（2）远程数据库：远程数据库通常驻留在其他机器中，用户通过结构化查询语言来访问远程数据库中的数据，因此，远程数据库又称为 SQL 服务器。有时，来自于远程数据库的数据并不驻留在一个机器而是分布在不同的服务器上。典型的 SQL 服务器有 Oracle、Sybase、Informix、MS SQL Server 及 IBM DB2 等。

本地数据库与 SQL 服务器相比，前者访问速度快，但后者的数据存储容量要大得多，且适合多个用户并发访问。究竟使用本地数据库还是 SQL 服务器，取决于多方面的因素，如要存储和处理的数据多少、并发访问数据库的用户个数、对数据库的性能要求等。

2）表

关系数据库的基本成分是一些存放数据的表。数据库中的表从逻辑结构上看相当简单，它是由若干行和列简单交叉形成的，不能表中套表。它要求表中每个单元都只包含一个数据，可以是字符串、数字、货币值、逻辑值、时间等数据。

3）视图

为了方便地使用数据库，很多 DBMS 都提供对于视图（Access 中称为查询）结构的支持。视图是根据某种条件从一个或多个基表（实际存放数据的表）或其他视图中导出的表，数据库中只存放其定义，而数据仍存放在作为数据源的基表中。故当基表中数据有所变化时，视图中看到的数据也随之变化。

4）记录

表中的一行称为一个记录。一个记录的内容是描述一类事物中的一个具体事物的一组数据，如一个雇员的编号、姓名、工资数目，一次商品交易过程中的订单编号、商品名称、客户名称、单价、数量等。一般的，一个记录由多个数据项（字段）构成，记录中的字段结构由表的标题（关系模式）决定。

记录的集合（元组集合）称为表的内容，表的行数称为表的基数。值得注意的是，表名以及表的标题是相对固定的，而表中记录的数量是经常变化的。

5）字段

表中的一列称为一个字段。每个字段表示表中所描述的对象的一个属性，如产品名称、单价、订购量等。每个字段都有相应的描述信息，如字段名、数据类型、数据宽度、数值型数据的小数位数等。由于每个字段都包含了数据类型相同的一批数据，因此，字段名相当于一种多值变量。字段是数据库操纵的最小单位。

表定义的过程就是指定每个字段的字段名、数据类型及宽度（占用的字节数）。表中每个字段都只接收所定义的数据类型。

二、项目背景

本书以一个简单的、具有普遍性的销售手机配件的 B2C 电子商务平台为贯穿项目，并做了相应的简化，力求业务流程简单易懂。前台客户购物的简化流程如图 0.1.1 所示，后台管理的简化流程如图 0.1.2 所示。

本书的难度主要参考了国家劳动与社会保障局的数据库相关考证（中级）的难度，并对开发人员开发数据库应用软件时需要掌握的知识和技能做了强化。

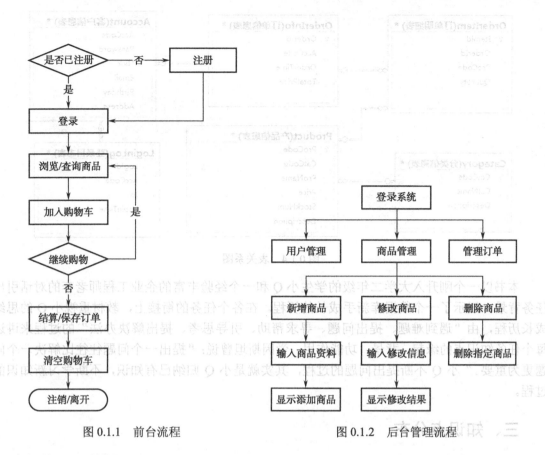

图 0.1.1 前台流程　　　　　　　图 0.1.2 后台管理流程

项目的 E-R 概念模型如图 0.1.3 所示；将 E-R 模型转为表，各表关系如图 0.1.4 所示。

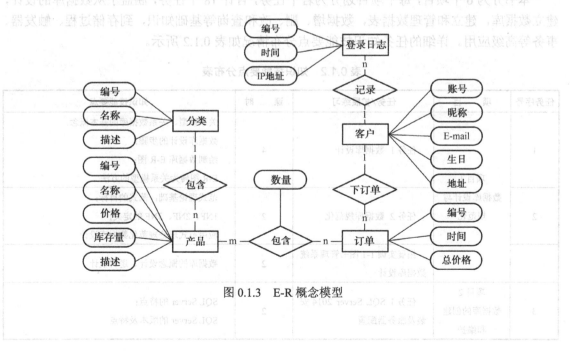

图 0.1.3 E-R 概念模型

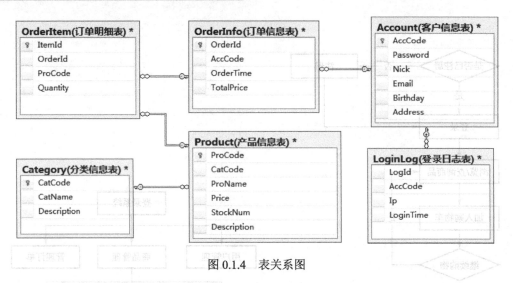

图 0.1.4 表关系图

本书以一个刚升入大学二年级的学生小 Q 和一个经验丰富的企业工程师老李的对话引出任务背景，展示了一个数据库新手成长的历程。在各个任务的衔接上，教材重视小 Q 的思维成长历程，由"遇到难题、提出问题、寻求帮助、引导思考、提出解决办法"的过程来讲述每个任务知识点的缘起、背景、功能作用。爱因斯坦曾说："提出一个问题往往比解决一个问题更为重要。"小 Q 不断提出问题的过程，其实就是小 Q 归纳已有知识，不断学习新知识的过程。

三、知识点分布

本书分为 6 个项目，每个项目划分为若干任务，合计 18 个任务，涵盖了从数据库的设计、建立数据库、建立和管理数据表、数据增、删、改和查询等基础知识，到存储过程、触发器、事务等高级应用。详细的任务知识技能要点分布情况如表 0.1.2 所示。

表 0.1.2 知识技能要点分布表

任务序号	项目	任务/扩展练习	课时	知识技能要点
1	项目 1 数据库设计与规范化	任务 1 数据库设计	4	关系模型、关系数据库的基本概念； 数据库设计的步骤； 绘制数据库 E-R 图； E-R 图转为关系模型的方法
2		任务 2 数据库规范化	2	范式理论基础，范式的目标； 1NF、2NF、3NF 的定义； 应用范式理论规范化数据库设计
		拓展实训 1-1 图书管理系统数据库设计	2	数据库的概念设计、逻辑设计
3	项目 2 数据库的创建和维护	任务 1 SQL Server 2014 安装及服务器配置	2	SQL Server 的特点； SQL Server 的版本及特点

续表

任务序号	项目	任务/扩展练习	课时	知识技能要点
4	项目2 数据库的创建和维护	任务2 创建数据库	2	SQL Server 系统数据库； 文件、文件组的概念； T-SQL 语法约定； 创建数据库
		拓展实训2-1 查看、修改、删除数据库 扩展训练2-2 分离与附加数据库	2	数据库的修改； 数据库的删除； 数据库分离、附加操作； 应用数据库分离、附加进行数据库备份
5	项目3 创建和管理表	任务1 创建表	2	表和字段的命名规则； 常用的数据类型； 创建表的基本语法
6		任务2 数据完整性设置	4	数据完整性的类型、完整性与约束的关系； 主键约束的设置； 唯一性约束的设置； 检查约束、非空约束、默认值约束的设置； 外键约束的设置
		拓展实训3-1 查看表信息、修改表结构、删除表 拓展实训3-2 表数据导入导出	2	查看表信息； 修改表、增加和减少字段、修改字段类型； 删除表
7	项目4 数据插入、删除、修改和查询	任务1 插入、修改、删除表数据	4	Insert、Update、Delete 的语法
8		任务2 简单查询	2	Select…From 的基本语法； Where 条件子句
9		任务3 分类汇总	2	聚合函数； Group…By 的语法
10		任务4 高级查询	4	连接查询、嵌套查询、模糊查询
		拓展实训4-1 插入数据、修改数据、删除数据 拓展实训4-2 简单查询 拓展实训4-3 分类汇总 拓展实训4-4 高级查询	4	Insert、Update、Delete； 简单查询； 分类汇总； 连接查询、子查询、模糊查询
	阶段复习		2	
11	项目5 数据库高级管理	任务1 视图的创建与应用	2	视图的功能、意义； 使用 SSMS 和 SQL 创建视图； 应用视图修改、删除数据
12		任务2 T-SQL 语言编程	4	T-SQL 的基本语法； T-SQL 的函数、流控制语句； 应用 T-SQL 编写简单程序

续表

任务序号	项目	任务/扩展练习	课时	知识技能要点
13		任务 3 存储过程的创建与应用	4	存储过程的概念和分类；存储过程的优点、系统存储；存储过程的创建、执行；存储过程输入、输出参数、返回值
14		任务 4 触发器的创建与应用	4	触发器的概念、功能；触发器的分类；创建 Insert、Update、Delete 触发器
		拓展实训 5-1 创建、修改、删除视图 拓展实训 5-2 T-SQL 编程 拓展实训 5-3 创建存储过程 拓展实训 5-4 创建触发器	4	视图的创建、修改、删除；应用视图修改、删除数据；应用 T-SQL 设计简单程序；创建和执行存储过程；带参数存储过程的创建，指定存储过程返回值；创建 Insert、Update、Delete 触发器
15		任务 1 应用索引提高查询速度	2	索引的作用，索引的类型；使用 Create Index 创建索引；合理设计索引的原则，索引的限制
16		任务 2 数据库备份与恢复	2	完整备份、差异备份的概念；事务日志备份、文件和文件组备份的概念；数据的备份与恢复操作
17	项目 6 查询优化和安全管理	任务 3 数据库安全配置	2	SQL Server 2014 的安全机制，权限管理；SQL Server 2014 的身份验证模式，角色管理
		任务 4 事务、异常处理、并发控制	2	事务的定义、特点；事务语句：开始事务、提交事务、回滚事务；异常控制；锁的概念、由来、分类
18		拓展实训 6-1 创建索引 拓展实训 6-2 数据库备份与恢复 拓展实训 6-3 数据库安全配置 拓展实训 6-4 事务和异常处理 拓展实训 6-5 查询优化	4	应用 T-SQL 语句创建索引；应用 T-SQL 语句备份和恢复数据库；新建用户，设置用户权限；应用事务执行复杂 SQL 操作；异常处理
	附录 A	习题参考答案		
	附录 B	某大型软件公司数据库设计规范		
	综合复习		2	
	合计		72	

课程授课是按照 72 学时来计划的，如果课程实际学时数不到 72 学时，则可以将拓展实训安排在课外进行，或者根据学生的基础，适当调整进度、删减部分内容。

项目 1
数据库设计与规范化

📁 技能目标及知识目标

- 了解数据库、数据库管理系统的概念；
- 了解关系数据库的相关概念；
- 了解数据完整性的概念；
- 掌握使用 E-R 模型的方法；
- 掌握数据库逻辑模型的设计方法；
- 掌握使用范式规范数据库设计的方法。

📁 项目导引

数据库的发展经历了人工管理阶段（20 世纪 50 年代）、文件系统阶段（20 世纪 50 年代中期到 60 年代中期）、数据库系统阶段（20 世纪 60 年代后）。自数据库系统阶段至今，人们将软件工程的理论应用于数据库设计，形成了一个完整的数据库设计实施方法，整个过程包括需求分析、概念模型设计、逻辑模型设计、物理模型设计、数据库实现 5 个阶段。

本项目主要学习概念模型设计、逻辑模型设计，并通过两个典型工作任务讲解如何进行数据库概念设计、逻辑设计和数据库规范化。

任务 1　数据库设计

一、任务背景

小 Q 是计算机相关专业大二的学生，趁着假期到企业实习，企业工程师老李交给他一个简单的任务，要求他设计一个能保存员工基本资料和部门信息的数据库。小 Q 平时学习很认真，虽然没有系统学习过数据库，但了解过数据库相关知识，心想这任务也太简单了，马上根据具体要求做了一个数据表，并输入了员工信息，如表 1.1.1 所示。

表 1.1.1　员工信息

员工编号	姓　名	性　别	手　机	部　门	部门电话
11001	张三	男	13311112222	市场部	85556666
11002	李四	女	13311112245	开发部	85552222
11003	李明	男	13311112212	开发部	85552222
……	……	……	……	……	……

当小 Q 得意地把数据库拿给工程师看时,工程师摇摇头说:"你这个数据库有很多问题,必须好好设计。"

小 Q 问:"数据库也要设计?我直接建库、建表就可以了。"

老李说:"正如我们建造房子一样,如果是建造一间简易平房,也许不需要设计直接开工建造就行,但如果是一幢大楼或者一个楼盘,那么不预先设计好肯定是不让开工的。我们在系统开发中,如果表比较多,表之间的关系比较复杂,那么不进行数据库设计,后面的程序开发工作就无法进行了。"

随后,工程师老李指出了小 Q 所设计的数据库存在的几个问题。

(1)数据冗余。目前开发部有 100 多人,你的数据库中,开发部的电话重复保存了 100 多处,浪费存储空间。

(2)修改异常。如果开发部改变了电话,你需要查找整个数据表,将所有开发部员工的电话都进行修改,否则会出现同一部门但电话不同的情况。

(3)插入异常。如果要增加一个部门"测试部",但部门暂时没有员工,你的数据库怎样记录这个部门呢?

(4)删除异常。如果要删除张三员工的资料,会导致对应部门电话信息丢失。

面对这些问题,小 Q 才发现原来数据库设计还有这么多学问。

要解决小 Q 所遇到的问题,就要进行数据库设计。当数据库比较复杂(如数据量大、表较多、业务关系复杂)时,就更需要数据库设计了。

一个良好的数据库设计应做到以下几点。

(1)节省数据的存储空间。

(2)能够保证数据的完整性,不产生数据的插入异常、修改异常、删除异常等问题。

(3)方便进行数据库应用系统的开发。

二、任务需求

某公司计划开发一个简单的 B2C 电子商务平台,销售手机配件,请为其设计数据库。数据库的内容包括以下几类。

(1)产品信息,包括产品的分类、编号、名称、价格、库存量等信息。

(2)客户信息,包括客户编号、名称、E-mail、生日、地址等信息。

(3)订单信息,包括订单时间、明细等信息。

(4)登录日志。

> **注意**
>
> 作为教学案例,数据库可以尽量简单一些,产品分类只考虑一级分类;登录日志只需要记录用户登录时间和登录 IP 地址。

三、任务分析

针对任务需求,需要进行详细的数据库设计,才能保证数据库符合电子商务平台的需求。数据库设计是指对于一个给定的应用环境,构造最优的数据库模式,建立数据库及其应用系统，使之能够有效地存储数据，满足各种用户的应用需求。

数据库设计步骤如下。

（1）需求分析。需求分析是数据库设计的第一个阶段，是概念设计的基础，该阶段主要任务是对现实世界要处理的对象（组织、部门、企业等）进行详细调查，明确新系统的功能，收集支持系统目标的基础数据及其处理。

（2）概念结构设计。这是整个数据库设计的关键，概念结构独立于数据逻辑结构，独立于 DBMS，即与具体使用哪一种 DBMS（SQL Server、Oracle、Access 等）无关。概念结构设计是对现实世界的一种抽象，目前广泛使用的方法是 E-R 法。

（3）逻辑结构设计。该阶段的主要任务就是把概念结构转换为与选用的 DBMS 支持的数据模型（网状、关系等模型）相符合的过程。如果概念设计采用 E-R 法，则向关系模型转换相当容易。

（4）数据库物理设计。该阶段用于为逻辑数据模型选取一个合适的应用环境。

四、知识要点

1. 数据库和关系数据库

数据是描述事物的符号记录，数据的种类有数字、文字、图形、图像、声音等。

数据库（Database，DB）是一个长期存储在计算机内的、有组织的、可共享的、统一管理的数据集合。数据库中的数据是按照一定的数据模型组织、描述和存储的，有较少的冗余度、较高的数据独立性和易扩展性。

数据库管理系统（Database Management System，DBMS）是使用和管理数据库的系统软件，负责对数据进行统一的管理和控制。

数据库系统（Database Systems，DBS）是由数据库、数据库管理系统及其相关应用软件、支撑环境所组成的系统。DBMS 是数据库系统的基础和核心。

最常用的数据模型有层次模型、网状模型和关系模型，目前主流是关系模型。

关系模型就是用二维表格结构来表示实体及实体之间联系的模型。

1）关系模型的基本概念

关系（Relation）：一个关系对应一张二维表，每个关系有一个关系名。在 SQL Server 中，一个关系就是一个表对象。

元组（Tuple）：二维表中水平方向的一行，有时也称一条记录。

属性（Attribute）：表格中的一列，相当于记录中的一个字段。

关键字（Key）：可唯一标识元组的属性或属性集，也称为关系键或主键。

域（Domain）：属性的取值范围，如性别的域是（男，女）。

分量：每一行对应的列的属性值，即元组中的一个属性值。

关系模式：对关系的描述。一个关系模式对应一个关系结构，一般表示为关系名（属性 1，属性 2，……，属性 n）。

2）关系模型的性质

① 关系中不允许出现相同的元组。因为数学的集合中没有相同的元素，而关系是元组的集合，所以作为集合元素的元组应该是唯一的。

② 关系中元组的顺序（即行序）是无关紧要的，在一个关系中可以任意交换两行的

次序。因为集合中的元素是无序的,所以作为集合元素的元组也是无序的。根据关系的这个性质,可以改变元组的顺序使其具有某种排序,然后按照顺序查询数据,以提高查询速度。

③ 关系中属性的顺序是无关紧要的,即列的顺序可以任意交换。交换时,应连同属性名一起交换,否则将得到不同的关系。

④ 同一属性名下的各个属性值必须来自同一个域,是同一类型的数据。

⑤ 关系中各个属性必须有不同的名称,不同的属性可来自同一个域,即它们的分量可以取自同一个域。

⑥ 关系中每一分量必须是不可分的数据项,或者说所有属性值都是原子的,是一个确定的值,而不是值的集合。

3) 关系数据库完整性

① 实体完整性(Entity Integrity)。实体完整性是指主关系键的值不能为空或部分为空。

② 参照完整性(Referential Integrity)。如果关系 R2 的外部关系键 X 与关系 R1 的主关系键相符,则 X 的每个值或者等于 R1 中主关系键的某一个值,或者取空值。

③ 域完整性。域完整性是针对某一具体关系数据库的约束条件。它反映了某一具体应用所涉及的数据必须满足的语义要求。

2. 概念设计

数据库概念设计主要应用实体-联系图(Entity-Relation Diagram,E-R 图)来完成。

实体-联系图用来建立数据模型,在数据库系统概论中属于概念设计阶段,形成一个独立于机器,独立于 DBMS 的 E-R 图模型。通常将它简称为 E-R 图,相应的,可把用 E-R 图描绘的数据模型称为 E-R 模型。E-R 图提供了表示实体(即数据对象)、属性和联系的方法,用来描述现实世界的概念模型。

E-R 图是由美籍华人陈平山于 1976 年提出来的。E 表示实体,A 表示属性,R 表示实体和实体之间的关系。涉及的主要概念如下。

(1) 实体:客观存在并可互相区分的事物。实体可以是人,可以是物,也可以指某些概念。例如,一个职工,一个部门,一门课等。

(2) 属性:实体所具有的某一特性。一个实体可以由若干个属性来刻画。例如,学生可以由学号、姓名、年龄、性别、系、联系电话等属性组成。

(3) 关键字:唯一标识实体的最小属性集。

(4) 联系:现实世界的事物之间是有联系的。一般存在两类联系:一是实体内部组成实体的属性之间的联系,二是实体之间的联系。我们讨论的是实体之间的联系。

两个实体之间的联系可以分为以下 3 类。

① 一对一联系(1:1),如一个部门有一个经理,而每个经理只在一个部门任职,则部门与经理之间具有一对一的联系。

② 一对多联系(1:n),如一个部门有若干职工,而每个职工只在一个部门工作,则部门与职工之间是一对多的联系。

③ 多对多联系(m:n),如一个项目有多个职工参加,而一个职工可以参加多个项目的工作,则项目与职工之间是多对多联系。

使用的基本符号如下。

□：矩形，表示实体，框内注明实体名。
◇：菱形，表示实体间的联系，框内注明联系名。
○：椭圆，表示实体的属性，框内注明属性名。
—：无向边，连接实体与属性，或者实体与联系。

如图 1.1.1 所示，表示供应商这一实体；如图 1.1.2 所示，表示学生这一实体。

图 1.1.1　供应商实体图　　　　　　图 1.1.2　学生实体图

图 1.1.3 分别表示前面所说的三种联系。

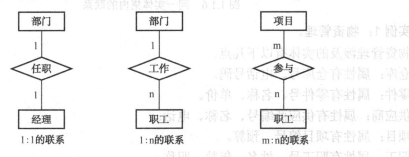

图 1.1.3　三种实体间的联系

联系也可以带有属性，如学生与课程存在学习的关系，学习有"成绩"这一属性；仓库存储零件有"库存量"的属性，如图 1.1.4 所示。

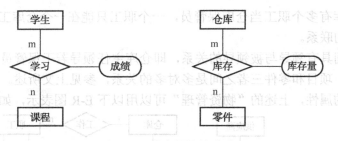

图 1.1.4　带有属性的联系

1）三元关系

E-R 还可以表达更加复杂的关系。图 1.1.5（a）表示了课程、老师、参考书之间的关系：一门课可以由若干老师教授，用若干本参考书，而某一老师或某一本参考书只对应一门课。图 1.1.5（b）表示了供应商、项目、零件之间的关系：一个供应商可以供给若干项目多种零件，而每个项目可以使用不同供应商供应的零件，每种零件可由不同供应商供给。因此，供应商、项目和零件之间是多对多的联系。

2）同一实体集实体之间的联系

同一实体集内的各实体之间可以存在某种联系，如职工实体集内具有领导和被领导的关系，学生实体集内具有管理和被管理的关系（如班长管理其他学生）。可以用图 1.1.6 表示这里所提的关系。

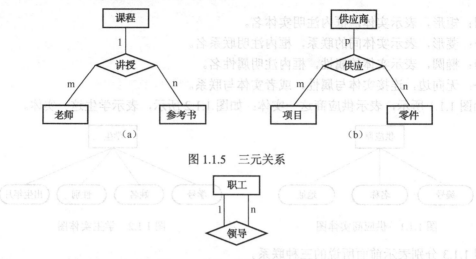

图 1.1.5 三元关系

图 1.1.6 同一实体集内的联系

实例 1：物资管理。

物资管理涉及的实体有以下几点。

仓库：属性有仓库号、电话号码。

零件：属性有零件号、名称、单价。

供应商：属性有供应商编号、名称、电话。

项目：属性有项目编号、预算。

职工：属性有职工号、姓名、年龄、职称。

这些实体之间的联系如下。

（1）一个仓库可以存放多种零件，一种零件可以存放在多个仓库中，因此仓库和零件具有多对多的联系。

（2）一个仓库有多个职工当仓库保管员，一个职工只能在一个仓库工作，因此仓库和职工之间是一对多的联系。

（3）职工之间具有领导与被领导的关系，即仓库主任领导若干保管员。

（4）供应商、项目和零件三者之间是多对多的关系，参见上文所述。

省略各实体的属性，上述的"物资管理"可以用以下 E-R 图表示，如图 1.1.7 所示。

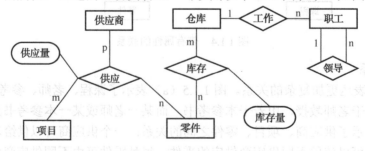

图 1.1.7 物资管理的 E-R 图

3．E-R 图向关系数据库转换

1）关系数据库基本知识

我们把一个二维表称为一个关系。二维表由行和列组成，一列对应于一个字段，称为属性；一行对应于一条记录，称为一个元组。

关系具有以下性质。

① 不允许有两行完全相同的记录。

② 行序不重要。

③ 每一个属性（列）是基本的、不可分裂的。

④ 每一列都有不同的名称，即在一个关系中属性的名称唯一。

⑤ 列序不重要。

2）转换方法

（1）实体：每一个实体转换为一个关系模式，即一个二维表，其属性为二维表中的列。

（2）关系。

① 对于 1∶n 的联系，可以将该关系对应于 1 的实体的关键字作为一个属性插入到 n 的实体关系中。

如在学生管理系统中：为了反映学生与班级之间的联系，可以把该联系中，对应于 1 的班级的关键字（班级编号）作为实体学生的一个属性，即作为学生资料表的一个列。

② 对于 m∶n 的联系，应该将联系转换为一个新的关系模式，并且将关联实体的关键字作为这个关系模式的属性。

如在学生管理系统中，为了反映学生和课程的联系（即学生学习课程的成绩），应建立一个新的关系模式：成绩表（*学号、*课程编号、成绩）。

③ 对于 1∶1 关系，则可以根据实际情况，看作 1∶n 的特例，任选一方的关键字作为属性，插入到另一个关系中。

④ 对于三元关系，或其他多于 2 个实体之间的关系，一般应转换为一个新的关系模式，并且将关联实体的关键字作为这个关系模式的属性。

实例 2：库存管理。

某工厂中生产若干产品，每种产品由不同的零件组成，有的零件可用在不同的产品上。这些零件由不同的原材料制成，不同零件所用的材料可以相同，这些零件分类放在仓库中，原材料按照类别放在若干仓库中，用 E-R 图画出此工厂产品、零件、材料、仓库的概念模型，如图 1.1.8 所示。

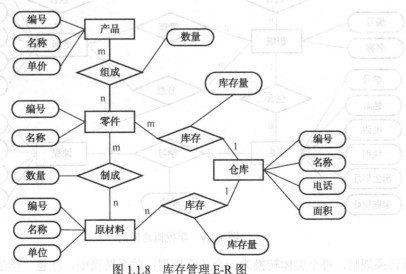

图 1.1.8　库存管理 E-R 图

> **注意**
> 零件、原材料、仓库三个实体中,两两之间存在联系,但并非三元关系,所以不能作为三元关系处理。

根据转换规则,每个实体转换为一个关系模型;关系转换中,注意"零件-组成-产品"、"原材料-制成-零件"是多对多的联系,需要将该联系转换为一个新的关系模型。转换结果如下。

- ◆ 产品资料表(*编号、名称、单价)。
- ◆ 零件资料表(*编号、名称、仓库编号)。
- ◆ 原材料资料表(*编号、名称、单位、仓库编号)。
- ◆ 仓库资料表(*编号、名称、电话、面积)。
- ◆ 产品_零件表(*产品编号、*零件编号、<u>数量</u>)。
- ◆ 零件_原材料表(*零件编号、*原材料编号、<u>数量</u>)。

> **注意**
> 前加*为关键字,下画线表示该实体属性是由联系转化而来的。

实例3:学生管理系统。

某学校有多个系,每个系包含一定数量的老师和班级,每个班级包含一定数量的学生,一个老师可担任一个或多个本系班级的管理。学生学习多门课程,一位老师可以教授一门或多门课程,某一门课程也可由多位老师任教,但某一班级某一门课程只能由一位老师任教。E-R图如图1.1.9所示。

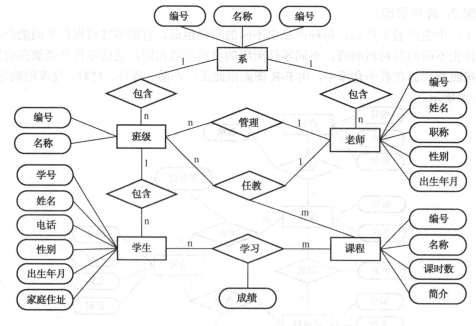

图1.1.9 学校概念模型

根据转换规则,每个实体转换为一个关系模型;关系转换中,注意"学生-学习-课程"是多对多的联系,需要将该联系转换为一个新的关系模型。转换结果如下。
- 系资料表(*系编号、名称、电话)。
- 班级资料表(*班级编号、班级名称、系编号、班主任)。
- 学生资料表(*学号、姓名、电话、性别、出生年月、家庭住址、班级编号)。
- 老师资料表(*编号、姓名、性别、出生年月、职称、系编号)。
- 课程资料表(*课程编号、名称、课时数、简介)。
- 班级任课表(*班级编号、*课程编号、教师编号)。
- 成绩表:*学号、*课程编号、成绩)。

> **注意**
> 前加*为关键字,下画线表示该实体属性是由联系转化而来的。

五、任务实施

1. 概念模型设计

针对任务需求中的 B2C 电子商务平台主要涉及如下实体:分类、产品、客户、订单、登录日志。E-R 模型如图 1.1.10 所示。

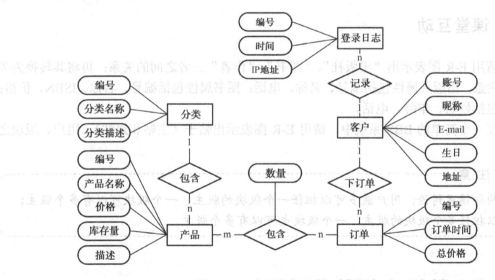

图 1.1.10 电子商务平台 E-R 图

2. 逻辑设计

逻辑设计的过程其实就是 E-R 图向关系模型转换的过程。根据转换规则,转换过程如下。
(1) 每一个实体转换为一个关系模型,转换结果如下。
- 分类信息表(*编号、分类名称、分类描述)。
- 产品信息表(*编号、产品名称、价格、库存量、描述)。
- 客户信息表(*账号、昵称、E-mail、生日、地址)。
- 订单信息表(*编号、订单时间、总价格)。
- 登录日志表(*编号、时间、IP 地址)。

（2）对于 1∶n 的联系，将该关系对应于 1 的实体的关键字作为一个属性插入到 n 的实体关系中。所以分类产品信息表中需要增加字段"编号"，以表示产品和分类之间的关系；同理，登录日志表中增加字段"客户账号"，订单表中增加字段"客户账号"；修改后，上述三个表变更为

- 产品信息表（*编号、产品名称、价格、库存量、描述、分类编号）。
- 订单信息表（*编号、订单时间、总价格、客户账号）。
- 登录日志表（*编号、时间、IP 地址、客户账号）。

（3）对于多对多的联系 "订单-包含-产品" 转换为一个新的关系模式，并且将关联实体的关键字作为这个关系模式的属性，形成新的"订单明细表"。

订单明细表（*编号、订单编号、产品编号、数量）。

完整的转换结果如下。

- 分类信息表（*编号、分类名称、分类描述）。
- 客户信息表（*账号、昵称、E-mail、生日、地址）。
- 产品信息表（*编号、产品名称、价格、库存量、描述、分类账号）。
- 订单信息表（*编号、订单时间、总价格、客户编号）。
- 登录日志表（*编号、时间、IP 地址、客户账号）。
- 订单明细表（*编号、订单编号、产品编号、数量）。

六、课堂互动

（1）请用 E-R 图表示出"出版社"、"图书"、"作者"三者之间的关系；再将其转换为关系模型。注意，出版社属性包括编号、名称、电话；图书属性包括编号、名称、ISBN、价格；作者属性包括姓名、年龄、电话。

（2）在一个简单的 BBS 系统中，请用 E-R 图表示出帖子（主帖和跟帖）、用户、版块之间的关系。

> **注意**
> 分两种情况讨论：用户最多可以担任一个版块的版主、一个版块可以有多个版主；用户可以担任多个版块的版主，一个版块也可以有多个版主。

任务 2　数据库规范化

一、任务背景

通过前面任务 1 的学习，小 Q 大概掌握了如何设计数据库，但心中的疑问还有很多，于是找到老李问："不同的人针对同一个项目需求所设计出来的 E-R 图是相同的吗？"

老李："不一定相同，不同的人从不同的角度，标识出不同的实体，实体的属性划分可能又有不同，最终得到的 E-R 图当然就不一定相同了。"

小 Q："那如何判断哪个 E-R 图是正确的呢？"

老李："其实，针对同一项目，E-R 图不是唯一的，不同的 E-R 图也可能都是正确的，有些 E-R 图划分可能比较细，分出来的表比较多，便于数据的维护，但查询的效率可能就比较低；不同的 E-R 图则重点不同，但不能说是不正确的。当然，E-R 图设计出来后必须符合一定的范式。"

小 Q："范式？"

老李："构造数据库必须遵循一定的规则，在关系数据库中，这种规则就是范式。要知道一个数据库的概念设计是否合理，可以通过范式的理论去检验。"

如何应用范式理论去规范数据库设计呢？

二、任务需求

一个简单的 BBS 系统有若干版块，注册用户可以在某一版块发表主帖，也可以就某一个主帖发表跟帖；用户可以担任多个版块的版主，一个版块可以由多个用户担任。该系统数据库设计如下。

◆ 用户信息表（用户编号*、用户名、密码、电子邮件、注册日期、联系电话）。
◆ 版块信息表（版块编号*、版主用户编号*、版块名称）。
◆ 主帖表（帖子编号*、标题、正文、发帖人编号、版块编号、版块名称、发帖时间）。
◆ 跟帖表（帖子编号*、标题、正文、主帖编号、发帖人编号、发帖人姓名、发帖时间）。

请用范式理论检查该数据库设计是否符合第三范式，如果不满足，请优化数据库并使之满足第三范式。

三、任务分析

设计关系数据库时，遵从不同的规范要求，设计出合理的关系型数据库，这些规范要求被称为范式，各种范式呈递次规范，越高的范式数据库冗余越小。而且，高范式数据库不会发生插入（Insert）、删除（Delete）和更新（Update）操作异常。反之，如果数据库设计不遵循范式，则会产生数据操作异常，给编程人员制造了麻烦，可能存储了大量不需要的冗余信息。

满足高等级的范式的先决条件是满足低等级范式，如满足 2NF 一定要满足 1NF。针对该任务，可以依次从低到高使用各种范式对数据库设计进行规范化。

四、知识要点

1. 范式理论基础

范式的目标主要有两个：一是减少数据冗余；二是消除异常，包括插入异常、更新异常、删除异常。

目前，关系数据库有 6 种范式：第一范式（1NF）、第二范式（2NF）、第三范式（3NF）、第四范式（4NF）、第五范式（5NF）和第六范式（6NF）。满足最低要求的范式是第一范式（1NF）。在第一范式的基础上进一步满足更多要求的范式称为第二范式，其余范式以此类推。一般来说，数据库只需满足第三范式就可以了。

1）第一范式

所谓第一范式是指在关系模型中，所有的域是原子性的、不可分割的，即数据库表的每一列都是不可分割的原子数据项。

简而言之，第一范式就是要求各个字段是不可分割的。

在任何一个关系数据库中，第一范式是对关系模式设计的基本要求，一般设计中都必须满足第一范式。

例如，某数据表中有"地址"字段，而系统中需要区分地址中的国家、城市等信息，则必须将"地址"字段划分成"国家"、"城市"、"街道"等字段。

2）第二范式

第二范式是指关系模式在满足 1NF 的基础上，非主属性必须完全依赖于主键。2NF 在 1NF 基础上消除非主属性对主键部分函数的依赖。

第二范式是在第一范式的基础上建立起来的，即满足第二范式必须先满足第一范式。第二范式要求数据库表中的每个实例或记录必须可以被唯一地区分。选取一个能区分每个实体的属性或属性组，作为实体的唯一标识。

第二范式要求实体的属性完全依赖于主关键字。所谓完全依赖是指不能存在仅依赖主关键字一部分的属性，如果存在，那么这个属性和主关键字的这一部分应该分离出来形成一个新的实体，新实体与原实体之间是一对多的关系。为实现区分通常需要为表加上一个列，以存储各个实例的唯一标识。

简而言之，第二范式就是在第一范式的基础上属性完全依赖于主键。

例如，成绩表（学号*、课程编号*、学生姓名、课程名称、成绩），学号和课程编号两个字段组合成主键，成绩完全依赖于该主键（即成绩由学号、课程编号决定）；但是学生姓名和课程名称只是部分依赖于主键，学生姓名由学号决定，并不依赖于课程编号，同样，课程名称由课程编号决定，不依赖于学号。所以该关系表不符合 2NF。

正确的做法是对"成绩表"进行划分，可划分为：学生资料表（学号*、姓名）；课程资料表（课程编号*、课程名称）；成绩表（学号*、课程编号*、成绩）。

3）第三范式

第三范式是指在满足 2NF 的基础上，任何非主属性不依赖于其他非主属性。3NF 在 2NF 基础上消除了传递依赖。

简而言之，第三范式就是属性不依赖于其他非主属性。

例如，员工资料表（员工编号*、员工姓名、部门编号、部门电话），其中，部门电话依赖于非关键字属性部门编号，所以不符合 3NF。也可以这样理解：部门编号依赖于员工编号，而部门电话依赖于部门编号，这就构成了传递依赖，不符合 3NF 。

正确的做法是增加一个部门资料表：员工资料表（员工编号*、员工姓名，部门编号）；部门资料表（部门编号*、部门电话）。

2．范式总结

上面介绍的 3 种范式存在的关系以及范式规范化的过程如图 1.2.1 所示。

范式规范化的过程很多时候就是不断拆分表的过程，应用的范式等级越高，则表拆分得越多。表拆分过多带来的主要问题如下。

（1）查询时要连接多个表，增加了查询的复杂度。

（2）查询时要连接多个表，降低了数据库查询性能。

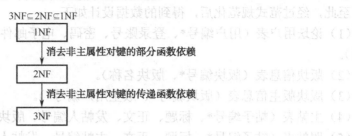

图 1.2.1　范式之间的关系

而以现在的情况，磁盘空间成本基本可以忽略不计，所以数据冗余所造成的问题也并不是应用数据库范式的理由。因此，并不是应用的范式等级越高越好，要根据实际情况而定。第三范式已经很大程度上减少了数据冗余，并且减少了造成的插入异常、更新异常和删除异常，多数情况下应用到第三范式已经足够。

五、任务实施

1. 第一范式

1NF 要求每个字段都不可再分割。针对任务需求中的数据表，观察论坛用户表。

论坛用户表（用户编号*、登录账号、密码、电子邮件、注册日期、联系电话）。

其中，联系电话不太明确，可以是手机号码，也可以是家庭电话，或者同时有手机号码和家庭电话。所以，根据具体需求将该字段划分成手机号码、家庭电话。

新的论坛用户表：

论坛用户表（用户编号*、登录账号、密码、电子邮件、注册日期、手机号码、家庭电话）。

2. 第二范式

2NF 要求属性完全依赖于主键。在该案例中用户可以担任多个版块的版主、一个版块可以由多个用户担任版主，设计数据库时使用了版块信息表来反映这种关系，仔细观察该表：

版块信息表（版块编号*、版主用户编号*、版块名称）。

该表使用了组合关键字版块编号、版主用户编号，而版块名称由版块编号决定，版块名称依赖于版块编号，即版块编号只是部分依赖于关键字，不符合第二范式。可以将该表进一步划分成以下两个表。

版块信息表（版块编号*、版块名称）。

版块版主信息表（版块编号*、版主用户编号*）。

3. 第三范式

3NF 要求不存在传递依赖，或者说非主属性不依赖于其他非主属性。仔细观察主帖表：

主帖表（帖子编号*、标题、正文、发帖人编号、版块编号、版块名称、发帖时间）。

版块名称和版块编号两个非主属性存在依赖关系，版块名称依赖于版块编号，版块信息表已经存在，所以在该表中只需记录版块的编号即可：

主帖表（帖子编号*、标题、正文、发帖人编号、版块编号、发帖时间）。

同样，跟帖表中发帖人编号、发帖人姓名两个非主属性也存在依赖关系，已经存在用户信息表，这里只需要发帖人编号即可：

跟帖表（帖子编号*、标题、正文、主帖编号、发帖人编号、发帖时间）。

至此，经过范式规范化后，得到的数据设计如下。

（1）论坛用户表（用户编号*、登录账号、密码、电子邮件、注册日期、手机号码、家庭电话）。

（2）版块信息表（版块编号*、版块名称）。

（3）版块版主信息表（版块编号*、版主用户编号*）。

（4）主帖表（帖子编号*、标题、正文、发帖人编号、版块编号、发帖时间）。

（5）跟帖表（帖子编号*、标题、正文、主帖编号、发帖人编号、发帖时间）。

六、课堂互动

（1）观察某商品库存信息表，看看其符合第几范式，如何优化？

商品库存信息表（商品编号*、商品名称、单价、数量、总价）。

（2）观察图书借阅系统的数据库设计，看看是否符合 3NF，如果不符合，请将其优化使之符合 3NF。

图书资料表（图书编号*、图书名称、读者编号*、读者名称、借出日期、归还日期）。

拓展实训 1-1　图书管理系统数据库设计

【实训目的】

掌握完整的数据库设计方法，包括数据库需求分析、概念设计、逻辑设计，并应用范式理论优化数据库设计。

【实训内容】

某图书馆计划开发一个简单的图书管理系统，要求该系统能实现图书的检索、借阅、归还功能，图书馆的读者主要有学生、老师；系统暂不考虑超时罚款、图书征订、库存管理等功能。请根据该基本需求，进一步细化用户需求，并进行概念设计（画出 E-R 图）、逻辑设计（关系模型），并应用范式理论优化数据库设计。

【训练要点】

因为系统只考虑基本的借阅、归还功能，所以系统涉及最基本的实体有"读者"、"图书"，读者有类型的属性，不同类型读者的借书数量和借书期限可能不同，读者和图书之间存在"借阅"、"归还"关系。根据这些分析，可以基本上确定 E-R 图了。

项目小结

本项目介绍了数据库、数据库系统、数据库管理系统等相关概念，并通过两个任务介绍了数据库设计的方法、步骤，从中可以了解到数据库设计的步骤，掌握使用 E-R 模型设计概念模型的方法和应用范式规范数据库的设计。

项目1 数据库设计与规范化

一、选择题

1. 在数据库设计中使用 E-R 图工具的阶段是（　　）。
   A．需求分析阶段   B．数据库物理设计阶段
   C．数据库实施阶段   D．概念结构设计阶段

2. 数据库设计中的逻辑结构设计的任务是把（　　）阶段产生的概念数据库模式变换为逻辑结构的数据库模式。
   A．需求分析   B．物理设计
   C．逻辑结构设计   D．概念结构设计

3. 公司中有多个部门和多名职员，每个职员只能属于一个部门，一个部门可以有多名职员，从职员到部门的联系类型是（　　）。
   A．多对多   B．一对一   C．多对一   D．一对多

4. 关系数据库中，一个关系代表一个（　　）。
   A．表   B．查询   C．行   D．列

5. 关系数据库中，一个元组是一个（　　）。
   A．表   B．查询   C．行   D．列

6. 数据库系统的核心是（　　）。
   A．用户   B．数据
   C．数据库管理系统   D．硬件

7. DBMS 代表（　　）。
   A．用户   B．数据
   C．数据库管理系统   D．硬件

8. 建立在操作系统之上，对数据库进行管理和控制的一层数据管理软件是（　　）。
   A．数据库   B．数据库系统
   C．数据库管理系统   D．数据库应用系统

9. 学生社团可以接纳多名学生参加，但每个学生也可参加多个社团，从社团到学生之间的联系类型是（　　）。
   A．多对多   B．一对一
   C．多对一   D．一对多

10. 下列四项说法中不正确的是（　　）。
    A．数据库减少了数据冗余   B．数据库中的数据可以共享
    C．数据库避免了一切数据的重复 D．数据库具有较高的数据独立性

11. 下列四项中，不属于数据库特点的是（　　）。
    A．数据共享   B．数据完整性
    C．数据冗余很高   D．数据独立性高

12. 在数据库系统中数据模型有三类，它们是（　　）。
    A．实体模型、实体联系模型、关系模型
    B．层次模型、网状模型、关系模型

C. 一对一模型、一对多模型、多对多模型
D. 实体模型、概念模型、存储模型

13．一个学生只能就读于一个班级，而一个班级可以同时容纳多个学生，班级与学生之间是（　　）的关系。

A．一对一　　　B．一对多　　　C．一对零　　　D．多对多

14．E-R 图中，关系用下面的（　　）来表示。

A．矩形　　　　B．椭圆形　　　C．菱形　　　　D．圆形

15．有如下表结构，带有*的字段代表主键或组合主键，一份订单可以订购多种产品。

产品：*产品编号，产品名称，产品价格。

订单：*订单编号，*产品编号，订购日期，订购数量（订单编号与产品编号是组合主键）。

该表最高符合第（　　）范式。

A．一　　　　　　　　　　　　B．二
C．三　　　　　　　　　　　　D．不符合任何范式

16．有如下表结构，带有*的字段代表主键或组合主键，一份订单可以订购多种产品。

产品：*产品编号，产品名称，产品价格。

订单：*订单编号，总价，订购日期。

订单明细：*明细编号，订单编号，产品编号，订购数量。

该表最高符合第（　　）范式。

A．一　　　　　　　　　　　　B．二
C．三　　　　　　　　　　　　D．不符合任何范式

二、填空题

1．已知有课程信息表（课程号、课程名称、课时数）和学生信息表(学号、姓名、性别)两个表，课程信息表的主键是_____，学生信息表的主键是_____；学生与课程之间是多对多关系，可以用"选课成绩表"这种关系，则"选课成绩表"包含的字段有_____，主键为_____。

2．实体之间的联系可以分为 3 类：_____、_____、_____。

三、问答题

1．举例说明什么是一对多关系。

2．举例说明什么是多对多关系。

3．数据库设计一般包含哪几个阶段？

4．某医院的病房管理系统涉及的实体如下。

科室：科室名、科地址、科电话。

病房：病房号、床位号。

医生：姓名、职称、年龄、工作证号。

病人：病历号、姓名、性别。

相关业务规定如下。

① 一个科室有多个病房、多个医生；

② 一个病房只能属于一个科室；

③ 一个医生只属于一个科室，但可负责多个病人的诊治；

④ 一个病人的主管医生只有一个。

根据这些业务规定，制作 E-R 图，并将 E-R 图转换为关系模型。

5．某销售部门子系统涉及的实体如下。

职工：职工号、姓名、地址和所在部门。

部门：部门所有职工、部门名、经理和销售的产品。

产品：产品名、制造商、价格、型号和产品内部编号。

制造商：制造商名称、地址、生产的产品名和价格。

相关业务规定如下。

① 部门有很多职工，职工仅在一个部门工作；

② 部门销售多种产品，这些产品也在其他部门销售；

③ 制造商生产多种产品，其他制造商也制造这些产品。

根据这些业务规定，制作该系统的 E-R 模型。

项目 2 数据库的创建和维护

技能目标及知识目标

- 了解 SQL Server 的版本及特点;
- 了解 SQL Server 中的数据文件、日志文件、文件组等概念;
- 掌握创建数据库的原则和方法;
- 掌握数据库的查看、修改、删除;
- 掌握数据库的分离、附加。

项目导引

SQL Server 最初是由 Microsoft、Sysbase、Ashton-Tate 三家公司开发的,基于 OS/2 的数据库系统。后由 Microsoft 将 SQL Server 移植到 Windows NT 系统上,并不断对其完善和扩充,SQL Server 经历了 SQL Server 7.0、SQL Server 2000、SQL Server 2005、SQL Server 2008、SQL Server 2014 等重要版本。SQL Server 2014 相对于之前的版本,添加了内存在线事务处理引擎等新特性,提供了一个可信的、高效率的智能数据平台。

本项目首先通过两个任务来学习 SQL Server 2014 的安装、配置和如何创建数据库,然后通过扩展实训学习数据库的查看、修改、删除、分离和附加。

任务 1　SQL Server 2014 安装及服务器配置

一、任务背景

小 Q 已经了解到数据库的概念设计与逻辑设计了,他问工程师老李:"前面我们已经完成了 B2C 电子商务平台的概念设计和逻辑设计了,接下来应该做什么呢?"。

"物理设计。",老李答道。

"哦,我知道了,数据库物理设计是数据库设计的后半段,是将一个给定逻辑结构实施到具体的环境中,那么我们要选取一个具体的数据库系统了,该选哪个数据库软件系统呢?",小 Q 接着问。

"当前常见的大型数据库系统有 Oracle、DB2、Sysbase,SQL Server 等,小型数据库系统有 Access、MySQL 等。你先去了解一下这几种数据库的特点,再根据这些数据库特点做出选择吧!",老李回答。

"我这学期马上要学习 SQL Server 了,就选 SQL Server 吧!",小 Q 说。

二、任务需求

在 Windows 7 或者 Windows XP 中，安装 SQL Server 2014，并开启远程连接，使得 SQL Server 能通过远程访问。

三、任务分析

SQL Server 2014 分为 SQL Server 2014 企业版、标准版、商业智能版、Web 版、开发者版、Express 版，其功能和作用也各不相同，其中 SQL Server 2014 Express 版是免费版本。

针对任务需求，需详细了解各个版本的适用环境及配置方法。

四、知识要点

1. SQL Server 2014 版本

1）SQL Server 2014 企业版

SQL Server 2014 企业版是一个全面的数据管理和业务智能平台，为关键业务应用提供了企业级的可扩展性、数据仓库、安全、高级分析和报表支持。这一版本将为用户提供更加坚固的服务器和执行大规模在线事务处理。

2）SQL Server 2014 商业智能版

SQL Server 2014 商业智能版提供了综合性平台，可支持组织构建和部署安全、可扩展且易于管理的 BI 解决方案。它提供了基于浏览器的数据浏览与可见性等卓越功能、强大的数据集成功能，以及增强的集成管理。

3）SQL Server 2014 标准版

SQL Server 2014 标准版是一个完整的数据管理和业务智能平台，为部门级应用提供了最佳的易用性和可管理性。

4）SQL Server 2014 Web 版

SQL Server 2014 Web 版是针对运行于 Windows 服务器中要求高可用、面向 Internet Web 服务的环境而设计的。这一版本为实现低成本、大规模、高可用性的 Web 应用或客户托管解决方案提供了必要的支持工具。

5）SQL Server 2014 开发者版

SQL Server 2014 开发者版支持开发人员基于 SQL Server 构建任意类型的应用程序。它包括企业版的所有功能，但有许可限制，只能用作开发和测试系统，而不能用作生产服务器。SQL Server 开发者版是构建和测试应用程序的人员的理想之选。

6）SQL Server 2014 Express 版

SQL Server 2014 Express 版是入门级的免费数据库，是学习和构建桌面及小型服务器数据驱动应用程序的理想选择。它是独立软件供应商、开发人员和热衷于构建客户端应用程序的人员的最佳选择。如果需要使用更高级的数据库功能，则可以将 SQL Server Express 无缝升级到其他更高端的 SQL Server 版本。SQL Server Express Local DB 是 Express 的一种轻型版本，该版本具备所有可编程性功能，但在用户模式下运行，并且具有快速的零配置安装和必备组件要求较少的特点。

2. 其他主流 DBMS

1) Oracle

Oracle Database 是甲骨文公司的一款关系数据库管理系统，目前仍在数据库市场上占有主要份额。世界上的所有行业几乎都在应用 Oracle 技术，Oracle 在大型数据库市场居于领导者的地位。凭借 Oracle 在市场中的表现，甲骨文公司是世界领先的信息管理软件供应商和世界第二大独立软件公司。

Oracle 与 SQL Server 的比较：

① Oracle 的稳定性要比 SQL Server 好，在处理大数据方面 Oracle 会更稳定一些；

② Oracle 的导入数据工具 SQLload.exe 功能比 SQL Server 的 BCP 功能强大，Oracle 可以按照条件把文本文件数据导入；

③ Oracle 的安全机制比 SQL Server 好；

④ SQL Server 在易用性和友好性方面比 Oracle 好；

⑤ SQL Server 在数据导出方面的功能更强一些；

⑥ Oracle 价格较为昂贵，SQL Server 相对来说比较便宜；大型企业（如世界 500 强）应用 Oracle 普遍，中型企业应用 SQL Server 较为普遍。

2) DB2

DB2 是 1983 年 IBM 公司开发的数据库管理系统，主要应用于大型应用系统，可支持从大型机到单用户环境，应用于 OS/2、Windows 等平台下，具有较好的可伸缩性。

DB2 同时提供了 GUI 和命令行两种操作方式，在 Windows NT 和 UNIX、Linux 下操作相同。和 DB2 同级的还有另外一个关系型数据库管理系统——Informix，它在 2001 年被 IBM 公司收购了。

DB2 与 Oracle 的比较：

① DB2 安装配置相对简单，比 Oracle 简单；

② DB2 的命令体系没有 Oracle 丰富，DB2 的配置文件和参数太多，而且名称不规范；

③ DB2 备份恢复非常简单，比 Oracle 的 RMAN 体系简单许多；

④ DB2 和 Oracle 均获得最高认证级别的 ISO 标准认证，安全性能好；

⑤ 相对来说，DB2 更适用于数据仓库和在线事务处理。

3) Sybase

这是美国 Sybase 公司研制的一种关系型数据库系统，是一种典型的 UNIX 或 Windows NT 平台上客户机/服务器环境下的大型数据库系统。最初 Sybase 数据库服务器产品名为"Sybase SQL Server"；其与 Microsoft 合作使 Microsoft 使用其源码制作了用于 OS/2 的"SQL Server"。直至 4.9 版本之前，Sybase 与 Microsoft SQL Server 几乎一模一样。由于两家公司对利润分配存在争议，两家公司决定各自发展自己的产品，但两家公司的产品有很多相同之处，如同样使用 Transact-SQL (T-SQL)。较大不同是 Sybase 产品有较强 UNIX 背景，而 Microsoft SQL Server 只用于 Windows NT。Sybase 的产品亦可用于 Windows、UNIX 及 Linux。

Sybase 公司一直面向电信、证券、金融、政府、交通与能源等领域稳步发展，尤其在电信行业、金融行业中处于领先地位。2010 年 5 月，德国 SAP 公司收购了 Sybase。

4) MySQL

MySQL 是一个关系型数据库管理系统，由瑞典 MySQL AB 公司开发，目前属于 Oracle

公司。MySQL 是一种关联数据库管理系统,关联数据库将数据保存在不同的表中,而不是将所有数据都放在一个大仓库内,这样就增加了速度并提高了灵活性。MySQL 的 SQL 指用于访问数据库的常用标准化语言。MySQL 软件采用了双授权政策,它分为社区版和商业版,由于其体积小、速度快、总体拥有成本低,尤其是开放源码这一特点,一般中小型网站的开发都选择 MySQL 作为网站数据库。由于其社区版的性能卓越,搭配 PHP 和 Apache 可组成良好的开发环境。

5) Access

Access 是微软把数据库引擎的图形用户界面和软件开发工具结合在一起的数据库管理软件,它是微软 Office 的一个成员。

Access 有强大的数据处理、统计分析能力,利用 Access 的查询功能,可以方便地进行各类汇总、平均等统计,并可灵活设置统计的条件。Access 也可以用来开发软件,如简单的人事管理、工资管理等各类小型企业管理软件。Access 最大的优点是易学,非计算机专业的人员也能学会。

五、任务实施

1. 安装 SQL Server 2014 企业版

企业版是 SQL Server 2014 功能最为强大的版本,下面来详细介绍 SQL Server 2014 企业版安装配置步骤。

(1) 微软官网中提供 SQL Server 2014 下载(Express 免费版下载的具体网址:https://www.microsoft.com/zh-cn/download/details.aspx?id=42299,下载的是 ISO 文件。使用虚拟光驱打开,执行 setup.exe 文件,如图 2.1.1 所示,选择"全新 SQL Server 独立安装或向现有安装添加功能"选项。

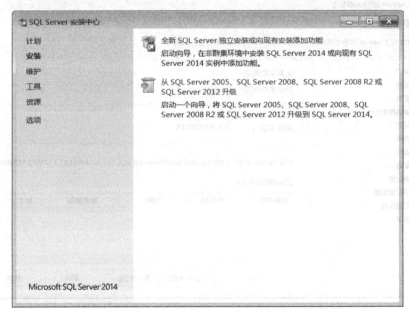

图 2.1.1　运行 setup.exe

（2）"安装程序支持规则"会自动检测安装环境，以便确定是否具备安装 SQL Server 的必备条件，检测通过后单击"确定"按钮，进入软件许可条款界面，如图 2.1.2 所示，选中"我接受许可条款"复选框，单击"下一步"按钮。

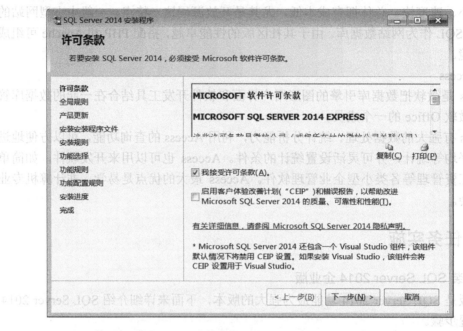

图 2.1.2 软件许可条款

（3）进入实例配置界面，指定 SQL Server 实例名称和实例 ID，这里选中"默认实例"单选按钮，单击"下一步"按钮，如图 2.1.3 所示。

图 2.1.3 实例配置

（4）进入服务器配置界面，指定服务账号和排序规则，建议对每个 SQL Server 服务使用单独的账号，便于管理，如图 2.1.4 所示。

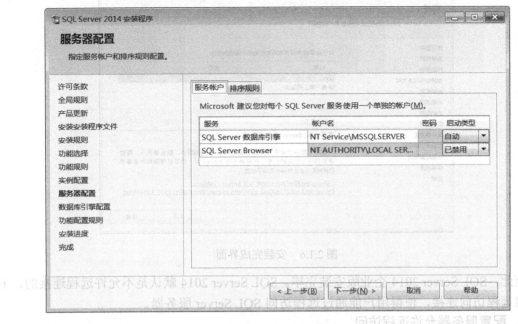

图 2.1.4　服务器配置

（5）进入数据库引擎配置界面，指定数据库引擎身份验证安全模式、管理员和数据目录，如图 2.1.5 所示，身份验证模式选中"混合模式（SQL Server 身份验证和 Windows 身份验证）"单选按钮，并为系统管理员 sa 输入密码，单击"下一步"按钮。

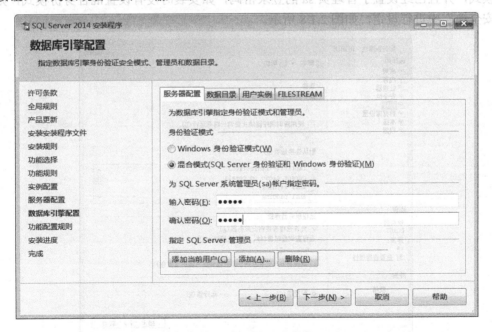

图 2.1.5　数据库引擎配置

（6）进入功能配置规则界面，单击"下一步"按钮，就可以显示安装进度了，等系统自动安装完毕后,进入如图 2.1.6 所示界面,表明已经完成了 SQL Server 2014 的安装。

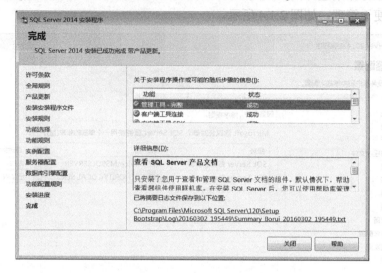

图 2.1.6　安装完成界面

至此,SQL Server 2014 企业版安装完毕。SQL Server 2014 默认是不允许远程连接的,下面开启远程访问连接,使得用户能通过远程访问 SQL Server 服务器。

2．配置服务器允许远程访问

(1) 在"开始"菜单 SQL Server Management Studio(后面简写为 SSMS)中,右击服务器,选择"属性"选项,再选择"连接"选项,选中"允许远程连接到此服务器"复选框,如图 2.1.7 所示。注意,远程连接必须使用混合身份验证模式,前面安装中已经设置使用混合身份模式,并且已经设置了管理员 sa 的登录密码,如安装时没有设置混合身份模式,则需要在"安全性"中进行设定,如图 2.1.8 所示。

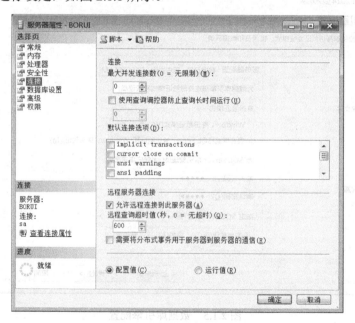

图 2.1.7　启用允许远程连接到此服务器

项目 2 　数据库的创建和维护

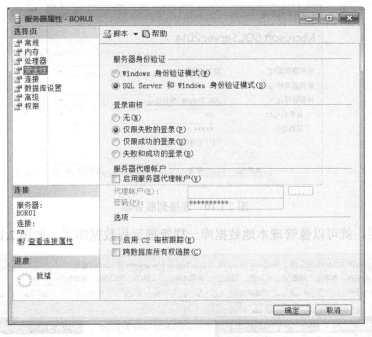

图 2.1.8 　设置混合身份验证模式

（2）启动 SQL Server 配置管理器，选择"SQL Server 网络配置→MSSQLSERVER 的协议"节点，将 TCP/IP 协议的状态改为"已启用"，如图 2.1.9 所示。

> **注意**
> 如果作为客户端连接远程 SQL Server 服务器，则必须启用 TCP/IP 协议。

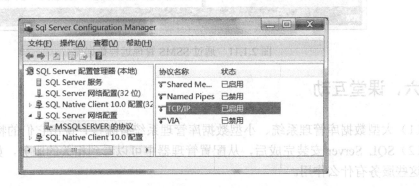

图 2.1.9 　启用 TCP/IP 协议

（3）在另一台作为客户端的计算机中启用 SSMS，就可以通过 IP 地址访问刚才的服务器了，如图 2.1.10 所示。

> **注意**
> 作为客户端的计算机与服务器应该是连通并可以访问的，即客户端能通过 ping 命令收到服务器的回复；另外，也要注意防火墙的设置。

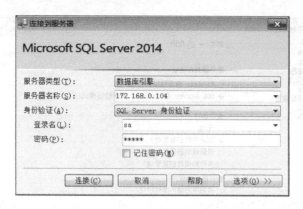

图 2.1.10 连接到服务器

连接成功后，就可以像管理本地数据库一样管理远程数据库了，如图 2.1.11 所示。

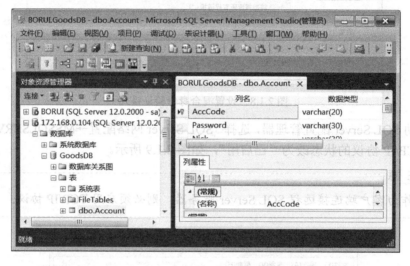

图 2.1.11 通过 SSMS 管理远程数据库

六、课堂互动

（1）大型数据库管理系统、小型数据库管理系统有哪些？说出它们的特点。

（2）SQL Server 安装完成后，从配置管理器中可以看到相关的服务，如图 2.1.12 所示，说出这些服务有什么作用。

图 2.1.12 SQL Server 的服务

任务2　创建数据库

一、任务背景

"我已经安装好 SQL Server 了，接下来要创建数据表了吧？"，小 Q 问老李。
"先要建立数据库，数据表需要在数据库的基础上建立。"，老李回答。
"哦，这个我知道，建立数据库很简单吧？"，小 Q 问。
"SQL Server 中提供了管理器和 T-SQL 语句的方式建立数据库，在建立数据库之前，建议你先了解数据文件、日志文件、文件组等概念。"，老李对小 Q 说。

二、任务需求

项目1中，我们针对销售手机配件的 B2C 电子商务平台设计了数据库，在 SQL Server 2014 中分别使用图形工具管理器和 T-SQL 建立符合如下要求的数据库：数据库名称 GoodsDB，数据文件 GoodsDB.mdf 和日志文件 GoodsDB_log.ldf，保存到 D:\data\目录中，数据库初始大小为 10MB，最大值为 50MB，增长幅度为 2MB；日志文件最小为 5MB，最大值为 50MB，增长幅度为 2MB。

说明

该任务中，暂不需建立数据表。

三、任务分析

在 SQL Server 中，数据库是有组织的数据的集合，这种数据集合具有逻辑结构并得到了数据库系统的管理和维护。数据库的数据按不同的形式组织在一起，构成不同的数据库对象，如表、视图、存储过程等，这些数据库对象都是逻辑对象，并不对应存放在物理磁盘中的文件；数据库是数据库对象的容器，整个数据库对应磁盘上的文件或者文件组。

完成本任务，需要对 SQL 数据库类型、文件和文件组、T-SQL 等有一定的认识。

四、知识要点

1. SQL Server 数据库类型

在 SQL Server 中，数据库包括两类：一类是系统数据库，另一类是用户数据库。系统数据库在 SQL Server 安装时就被自动安装，每个系统数据库都有特定的用户；用户数据库由用户创建，专门用来存储和管理用户的特定业务信息。

系统数据库主要包括以下几个。

1）Master

Master 数据库保存了放在 SQL Server 实体上的所有数据库，它还是将引擎固定起来的粘合剂。如果不使用主数据库，SQL Server 就不能启动，所以必须小心地管理这个数据库。对这个数据库进行常规备份是十分必要的。建议在数据库发生变更的时候备份 Master 数据库。

这个数据库包括了诸如系统登录、配置设置、已连接的 Server 等信息，以及用于该实体的其他系统和用户数据库的一般信息。主数据库还存有扩展存储过程，它能够访问外部进程，从而使用户能够与磁盘子系统和系统 API 调用等特性交互。这些过程一般都用像 C++这样的现代编程语言实现。

2）Model

Model 是一个用来在实体上创建新用户数据库的模板数据库。用户可以把任何存储过程、视图、用户等放在模板数据库里，这样在创建新数据库的时候，新数据库就会包含用户放在模板数据库里的所有对象。因此新建的数据库最小应该有 Model 数据库那么大。我们在创建数据库的时候会指定数据库的大小，通常会大于 Model 数据库，这是因为里面填充了空的 page。

3）Tempdb

正如其名称所提示的，Tempdb 存有临时对象，如全局和本地临时表格和存储过程。这个数据库在 SQL Server 每次重启的时候都会被重新创建，而其中包含的对象是依据模板数据库里定义的对象被创建的。除了这些对象，Tempdb 还存有其他对象，如表格变量、来自表格值函数的结果集，以及临时表格变量。由于 Tempdb 会保留 SQL Server 实体上所有数据库的对象类型，所以对数据库进行优化配置是非常重要的。

4）Msdb

Msdb 数据库用来保存数据库备份、SQL Agent 信息、DTS 程序包、SQL Server 任务等信息，以及诸如日志转移等复制信息。

2．文件和文件组

SQL Server 将数据库映射为一组操作系统文件。数据和日志信息绝不会混合在同一个文件中，而且一个文件只由一个数据库使用。文件组是命名的文件集合，用于帮助数据布局和管理任务，如备份和还原操作。

1）数据库文件

SQL Server 数据库具有 3 种类型的文件。

主数据文件：主数据文件是数据库的起点，指向数据库中的其他文件。每个数据库都有一个主数据文件。主数据文件的推荐文件扩展名是 .mdf。

次要数据文件：除主数据文件以外的所有其他数据文件都是次要数据文件。某些数据库可能不含有任何次要数据文件，而有些数据库则含有多个次要数据文件。次要数据文件的推荐文件扩展名是 .ndf。

日志文件：日志文件包含用于恢复数据库的所有日志信息。每个数据库必须至少有一个日志文件，也可以有多个。日志文件的推荐文件扩展名是 .ldf。

SQL Server 不强制使用.mdf、.ndf 和 .ldf 文件扩展名，但使用它们有助于标识文件的各种类型和用途。

2）数据文件页

在 SQL Server 2014 系统中，可管理的最小物理空间以页为单位，每一个页的大小是 8KB，即 8192 字节。在表中，每一行数据都不能跨页存储。这样，表中每一行的字节数不能超过

8192 字节。在每一个页上，由于系统占用了一部分空间来记录与该页有关的系统信息，每一页可用的空间是 8060 字节。每 8 个连续页为一个区，即区的大小是 64KB。1MB 的数据有 16 个区。

SQL Server 文件可以从它们最初指定的大小开始自动增长。在定义文件时，用户可以指定一个特定的增量。每次填充文件时，其大小均按此增量来增长。如果文件组中有多个文件，则它们在所有文件被填满之前不会自动增长。填满后，这些文件会循环增长。每个文件还可以指定一个最大值。如果没有指定最大值，文件可以一直增长到用完磁盘上的所有可用空间为止。如果 SQL Server 作为数据库嵌入某应用程序，而该应用程序的用户无法迅速与系统管理员联系，则此功能会特别有用。用户可以使文件根据需要自动增长，以减轻监视数据库中的可用空间和手动分配额外空间的管理负担。

3）文件组

可以在首次创建数据库时创建文件组，也可以在数据库中添加更多文件时创建文件组。但是，一旦将文件添加到数据库中，就不能再将这些文件移到其他文件组中了。

文件组只能包含数据文件。事务日志文件不能是文件组的一部分。文件组不能独立于数据库文件创建。文件组是在数据库中组织文件的一种管理机制。为便于分配和管理，可以将数据库对象和文件一起分成文件组。

对文件、文件组总结如下。

（1）一个文件或者文件组只能用于一个数据库，不能用于多个数据库。

（2）一个文件只能是某一个文件组的成员，不能是多个文件组的成员。

（3）数据库的数据信息和日志信息不能放在同一个文件或文件组中，数据文件和日志文件总是分开的。

（4）日志文件不能是任何文件组的一部分。

在创建数据库时，必须根据数据库中预期的最大数据量，创建尽可能大的数据文件，同时允许数据文件自动增长，但要有一定的限度。为此，需要指定数据文件增长的最大值，以便在硬盘上留出一些可用空间。这样便可以使数据库在添加超过预期的数据时增长，而不会填满磁盘驱动器。如果已经超过了初始数据文件的大小并且文件开始自动增长，则重新计算预期的数据库大小最大值。然后，根据计划添加更多的磁盘空间，如果需要，则在数据库中创建并添加更多的文件或文件组。

3．Transact-SQL（T-SQL）

结构化查询语言（Structured Query Language，SQL）是最重要的关系数据库操作语言，并且它的影响已经超出数据库领域，得到了其他领域的重视和采用，如人工智能领域的数据检索，第四代软件开发工具中嵌入的 SQL 等。

SQL 是 1986 年 10 月由美国国家标准局（ANSI）通过的数据库语言标准，后来，国际标准化组织（ISO）颁布了 SQL 的正式国际标准，1989 年 4 月，ISO 提出了具有完整性特征的 SQL89 标准，1992 年 11 月又公布了 SQL92 标准。

各种不同的数据库对 SQL 的支持与标准存在着细微的不同，这是因为，有的产品的开发先于标准的公布。另外，各产品开发商为了达到特殊的性能或新的特性，需要对标准进行扩展。

Microsoft SQL Server 使用的是 T-SQL——标准 SQL 程序设计语言的增强版。T-SQL 遵循

SQL92 标准，提供了标准 SQL 的 DDL 和 DML 功能，加上延伸的函数、系统预存程序以及程序设计结构（如 IF 和 WHILE）使程序设计更有弹性。

创建数据库的 T-SQL 语句是 CREATE DATABASE 语句，该语句的语法格式如下：

```
CREATE DATABASE database_name
[ ON    [ < filespec > [ ,...n ] ] ]
[ LOG ON { < filespec > [ ,...n ] } ]
```

其中：

```
    < filespec > ::= {
( [ NAME = logical_file_name , ]
    FILENAME = 'os_file_name'
    [ , SIZE = size ]
    [ , MAXSIZE = { max_size | UNLIMITED } ]
    [ , FILEGROWTH = growth_increment ]
) [ ,...n ] }
```

对于以上语法，表 2.2.1 列出了 T-SQL 参考的语法关系图中使用的约定，并进行了说明。

表 2.2.1 T-SQL 语句使用约定

约 定	用 于
大写	T-SQL 关键字
斜体	用户提供的 T-SQL 语法的参数
粗体	数据库名、表名、列名、索引名、存储过程、实用工具、数据类型名以及必须按所显示的原样键入的文本
下画线	指示当语句中省略了包含带下画线的值的子句时应用的默认值
|（竖线）	分隔括号或大括号中的语法项。只能使用其中一项
[]（方括号）	可选语法项。不要输入方括号
{ }（大括号）	必选语法项。不要输入大括号
[,...n]	指示前面的项可以重复 n 次。各项之间以逗号分隔
[...n]	指示前面的项可以重复 n 次。每一项由空格分隔
;	T-SQL 语句终止符。虽然在此版本的 SQL Server 中大部分语句不需要分号，但将来的版本需要分号
<label> ::=	语法块的名称。此约定用于对可在语句中多个位置使用的过长语法段或语法单元进行分组和标记。可使用语法块的每个位置由括在尖括号内的标签指示：<标签>。集是表达式的集合，如<分组集>。列表是集的集合，如<组合元素列表>

根据该语法约定，可以知道创建数据库最简单的情况如下：

```
CREATE DATABASE testDB
```

执行该语句就可以创建名称为"testDB"的数据库，其他都使用默认设定。

本书后面会对 T-SQL 有更加详细的叙述。

五、任务实施

任务实施步骤如下。

（1）启动 SQL Server Management Studio，并连接到当前服务器，展开当前实例，右击"数据库"节点,选择"新建数据库"选项,这时打开"新建数据库"窗口,如图 2.2.1 所示。其中需填写和设置的内容如下。

① 数据库名称,这里输入 GoodsDB,注意数据库名称尽量不要使用中文、空格等字符。

② 所有者名称,这里可以使用默认值。如果设定为特定的用户,那么这些用户可以使用和管理数据库。

③ 数据库保存路径,可以根据需要设定数据库存放的文件路径。

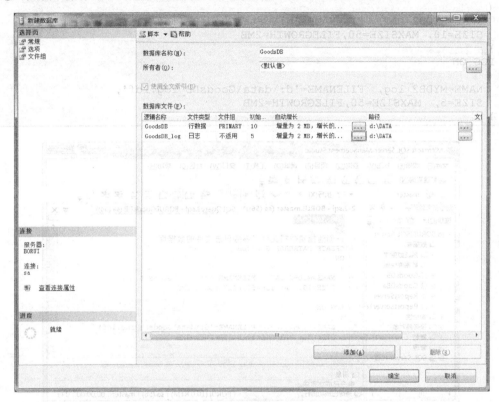

图 2.2.1 "新建数据库"窗口

④ 文件组,可以根据数据库情况添加文件组,这里使用默认设置。

⑤ 设置自动增长,按任务要求指定数据文件和日志文件的初始值、最大值、增长幅度,如图 2.2.2 所示。

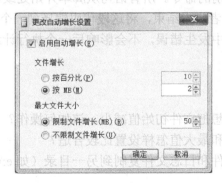

图 2.2.2 自动增长设置

（2）使用 T-SQL 语句创建数据库：在 SSMS 中单击"新建查询"按钮，根据任务要求，输入创建数据库语句，如图 2.2.3 所示，注意应先在 D 盘中创建 data 目录。

```
USE Master
GO
--创建指定数据文件和事务日志文件的数据库
CREATE DATABASE GoodsDB
ON
(
  NAME=MYDB2_DAT, FILENAME='d:\data\GoodsDB.mdf',
  SIZE=10, MAXSIZE=50,FILEGROWTH=2MB
)
LOG ON
(
  NAME=MYDB2_log, FILENAME='d:\data\GoodsDB_log.ldf',
  SIZE=5, MAXSIZE=50,FILEGROWTH=2MB
)
```

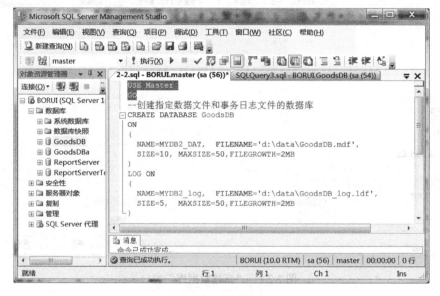

图 2.2.3　创建数据库

上面的代码中，"USE"的作用是设置数据库上下文。

"GO"是查询分析器识别的命令。所有语句从脚本开始处或者上一个 GO 语句处开始编译，直到下一个 GO 语句或者脚本结束，将这段代码编译到一个执行计划中并相互独立地送往服务器。前一个执行计划中发生错误，不会影响后一个执行计划。

六、课堂互动

（1）数据库创建后，若想把文件初始值减少，该如何操作？
（2）数据库的初始大小和最大值怎样设置比较合适？
（3）如何才能将数据文件和日志文件复制到另一目录（如 e:\backup）中？

拓展实训 2-1 查看、修改、删除数据库

【实训目的】

掌握使用管理工具和查询语句进行数据库查看、修改、删除操作。

【实训内容】

分别使用 SSMS 管理工具和查询语句完成以下操作。

（1）查看 GoodsDB 数据库的大小、所有者、创建日期、数据文件等信息。

（2）创建数据库 TestDB，参数全部使用默认设定。

（3）修改数据库 TestDB 名称为 TempDB。

（4）删除数据库 TempDB。

【训练要点】

使用管理工具比较简单，可以通过右键菜单完成。查询语句的实现提示如下。

（1）查看数据库使用系统存储过程"sp_helpdb"，如

```
EXEC sp_help 'GoodsDB'
```

（2）创建数据库可参照本项目任务 2。

（3）修改数据库使用"ALTER DATABASE"，如

```
ALTER DATABASE TestDB MODIFY Name=TempDB
```

（4）删除数据库使用"DROP DATABASE"，如

```
DROP DATABASE TempDB
```

扩展训练 2-2 分离与附加数据库

【训练目的】

掌握使用管理工具和查询语句分离和附加数据库操作。

【训练内容】

数据库创建后，很多原因（如病毒、误操作、硬盘损坏）都可能导致数据库受到破坏，因此数据库备份和恢复对于保证系统的可靠性具有重要的作用。经常性的备份可以有效地防止数据丢失，能够把数据库从错误的状态恢复到正确的状态。SQL Server 提供了"备份/还原"和"分离/附加"等多种数据库备份方法。"备份/还原"数据库后面会详细介绍，这里先来学习"分离/附加"数据库。

分离数据库和附加数据库是两个互逆操作：分离数据库就是将某个数据库（如 GoodsDB）从 SQL Server 数据库列表中删除，使其不再被 SQL Server 管理和使用，但该数据库的文件和对应的日志文件完好无损。分离成功后，可以把该数据库文件和对应的日志文件复制到其他磁盘中作为备份保存；附加数据库就是将一个备份磁盘中的数据库文件和对应的日志文件复制到需要的计算机中，并将其添加到某个 SQL Server 数据库服务器中，由该服务器来管理和

使用这个数据库。

训练内容如下。

（1）将 GoodsDB 数据库从系统中分离出来。数据库分离后将数据文件（MDF 文件）和日志文件（LDF 文件）复制到移动硬盘或者其他目录中，然后删除原数据文件和日志文件。

（2）将分离的数据文件附加到系统中，注意先将数据文件和日志文件复制到本机磁盘中。

【训练要点】

（1）使用 SSME 分离数据库非常简单：右击该数据库名称，在弹出的快捷菜单中选择"任务→分离"选项即可；右击"数据库"目录项，在弹出的快捷菜单中选择"附加"选项即可。

（2）使用查询语句实现分离的语法如下：

```
sp_detach_db [ @dbname = ] 'dbname'
```

使用查询语句实现附加的语法如下：

```
sp_attach_db [ @dbname = ] 'dbname',
[ @filename1 = ] 'filename_n' [ ,...16 ]
```

本项目介绍了 SQL Server 2014 的版本、数据库的类型、数据文件、日志文件、文件组等相关知识，并学习了 SQL Server 2014 企业版的安装和配置方法、数据库的创建方法；扩展实训学习了数据库的分离、附加、查看、修改和删除。

一、选择题

1. SQL Server 2014 是（　　）数据库。
   A. 关系　　　　B. 网状　　　　C. 树形　　　　D. 层次
2. 在一台服务器上最多可以安装（　　）个 SQL Server 实例。
   A. 1　　　　　B. 10　　　　　C. 16　　　　　D. 没有限制
3. SQL Server 的身份验证模式可以是（　　）。
   A. 只能是 Windows 身份验证　　　B. 只能是混合模式
   C. A、B 均正确　　　　　　　　　D. 以上都不对
4. SQL Server 上有 4 个系统数据库，它们分别是 Model、Msdb、Tempdb 和（　　）。
   A. Master　　　B. Admin　　　C. SA　　　　　D. Log
5. 在创建用户数据库时，要通过以下（　　）数据库生成。
   A. Master　　　B. Model　　　C. Msdb　　　　D. Pubs
6. 用来保存 SQL Agent 信息的系统数据库是（　　）。
   A. Master　　　B. Msdb　　　C. Tempdb　　　D. Model
7. 表的存储空间的基本单位是（　　）。

A．页　　　　　B．范围　　　　C．行　　　　　D．字节

8．SQL Server 数据库中日志文件的扩展名是（　　　）。

A．.ndf　　　　B．.ldf　　　　C．.mdf　　　　D．.mdb

9．SQL Server 数据库中主数据文件的扩展名是（　　　）。

A．.ndf　　　　B．.ldf　　　　C．.mdf　　　　D．.mdb

10．在 SQL Server 中，Model 是（　　　）。

A．数据库系统表　　　　　　B．数据库模板
C．临时数据库　　　　　　　D．示例数据库

二、填空题

1．在 Microsoft SQL Server 2014 中，主数据文件的扩展名是_____，日志数据文件的扩展名是_____。

2．_____数据库包括了诸如系统登录、配置设置、已连接的 Server 等信息。

3．每个文件组可以有_____个日志文件。

4．使用 T-SQL 创建数据库的语句是_____。

三、问答题

1．SQL Server 2014 数据库管理系统的产品分为哪几个版本？

2．SQL Server 2014 包含哪些组件，其功能各是什么？

3．SQL Server 2014 支持哪两种身份验证？

项目 3 创建和管理表

技能目标及知识目标

- 了解 SQL Server 的数据类型；
- 了解数据完整性、约束等概念；
- 掌握表和字段的命名规范；
- 掌握数据类型的使用方法；
- 掌握创建、修改、删除表的方法；
- 掌握主键约束、唯一约束、默认值约束、外键约束的使用。

项目导引

SQL Server 数据库中的表是一个非常重要的数据对象，用户所关心的数据都存储在各表中，对数据的访问、验证、关联性连接、完整性维护等都是通过对表的操作实现的。

本项目通过两个任务来学习表的创建和数据完整性设置，然后通过扩展实训学习表的修改、删除操作。

任务 1 创建表

一、任务背景

小 Q 已经安装好 SQL Server 2014 企业版，并已建立好数据库了，他找到老李说："数据库已经创建了，下面我该建表了吧！"

老李说："对，建表是物理设计的一部分。"

小 Q 接着问："我有一点儿疑惑，创建数据库可以使用 SSMS 也可以使用 SQL 语句，而我觉得使用 SSMS 简单多了，那么我是否可以不学习 SQL 了呢？"

老李："对于一些工作，如建表、建库、备份数据等，无论使用企业管理器还是 SQL 语句都是可以的，对于数据库管理员（DBA）来说，很多时候必须通过远程 SQL 命令管理数据库，SQL 就显得尤为重要了；另外，如果熟练掌握 SQL 了，使用 SQL 工作效率更高、功能更强。"

小 Q："你刚才说对数据库管理员而言 SQL 很重要，可我作为程序员，站在程序开发的角度，我该如何去把握 SQL 呢？"

老李："你的问题很好，我说说我的经验吧。SQL 主要分为数据操纵语言、数据定义语言、数据控制语言。数据定义语言指的是建表、建库等语句，一般我们可以通过企业管理代替完成；数据控制语言主要针对数据库管理员，所以这两类，我觉得作为程序员，特别像你这样的初级程序员，可以不用深入。而数据操纵语言，也就是数据的增加、删除、修改、查询等语句，是与程序关联非常紧密的，对程序员来说，必须要熟练掌握。"

二、任务需求

根据项目 1 中对 B2C 电子商务平台数据库的设计，在 GoodsDB 数据库中建立相应的表，设置字段类型。本任务暂不考虑完整性和表之间的关联。

GoodsDB 的表逻辑结构如下。

◆ 分类信息表（*分类编号、分类名称、分类描述）。
◆ 客户信息表（*客户编号、昵称、E-mail、生日、地址）。
◆ 产品信息表（*产品编号、产品名称、价格、库存量、描述、分类编号）。
◆ 订单信息表（*订单编号、订单时间、总价格、客户编号）。
◆ 登录日志表（*日志编号、时间、IP 地址、客户账号）。
◆ 订单详细信息表（*订单项编号、订单编号、产品编号、数量）。

三、任务分析

创建表主要涉及设定表名称、字段名称、字段类型和相关设置的完整性。针对任务需求，本任务中暂不考虑完整性，所以只要设置好表名称、字段名称、字段类型即可。

四、知识要点

1. 表和字段的命名规则

一般来说，表和字段的命名都应遵循下列规范。
（1）可以含有从 1 到 128 的 ASCII 码字符，它的组成包括字母、下画线、符号及数字。
（2）第一个字符必须是字母或符号_或#。
（3）在默认状态下不允许有其他字符，如空格、感叹号等。

对下表名和字段名有以下几点建议。
（1）不要命名为与 SQL 关键字相同的名称，如 SELECT、IN、DESC、ORDER、CREATE、TABLE 等。
（2）字段名的设定应该尽量与该列容纳的数据意义有关，如以 Address、Age 等英文命名的列名，或者以 Xingming 等汉语拼音命名的列名。
（3）应使字段名与该列容纳的数据类型有关，如整数类型字段 intAge。

当然，很多公司都有自己的表和字段的命名规定，以方便开发团队开发和程序的阅读及维护。

2. 数据类型

在 SQL Server 2014 中，每个列、局部变量、表达式和参数都有其各自的数据类型。指定对象的数据类型相当于定义了该对象的以下 4 个特性。

（1）对象所含的数据类型，如字符、整数或二进制数。
（2）所存储值的长度或大小。
（3）数字精度（仅用于数字数据类型）。
（4）小数位数（仅用于数字数据类型）。

另外，用户还可以使用 T-SQL 或.NET 框架定义自己的数据类型，它是系统提供的数据类型的别名。每个表可以定义至多 1024 个字段，除文本和图像数据类型外，每个记录的最大长度限制为 8060B。

1）精确数字类型

精确数字类型包括：整数类型；Bit（位类型）；Decimal 和 Numeric（数值类型）；Money 和 SmallMoney（货币类型）。

（1）整数类型：整数类型是最常用的数据类型之一，它主要用来存储数值，可以直接进行数据运算，而不必使用函数转换。整数类型包括以下四类。

① Bigint：每个 Bigint 数据类型值存储在 8 字节中，可以存储从-9223372036854775808 到 9223372036854775807 之间的所有整型数据。

② Int（Integer）：Int 数据类型可以存储从-2147483648 到 2147483647 之间的所有正负整数。每个 Int 数据类型值存储在 4 字节中。

③ Smallint：可以存储从-32768 到 32767 之间的所有正负整数。每个 Smallint 类型的数据占用 2 字节的存储空间。

④ Tinyint：可以存储从 0～255 内的所有正整数。每个 Tinyint 类型的数据占用 1 字节的存储空间。

（2）位数据类型：Bit 称为位数据类型，其数据有两种取值，即 0 和 1。在输入 0 以外的其他值时，系统均把它们当作 1 看待。这种数据类型常作为逻辑变量使用，用来表示真、假或是、否等二值选择。

（3）Decimal 数据类型和 Numeric 数据类型：Decimal 数据类型和 Numeric 数据类型完全相同，它们可以提供小数所需要的实际存储空间，但也有一定的限制，可以用 2～17 字节来存储$-10^{38}+1$ 到 $10^{38}-1$ 之间的固定精度和小数位的数字。也可以将其写为 Decimal（p，s）的形式，p 和 s 确定了精确的总位数和小数位。其中 p 表示可供存储的值的总位数，默认设置为 18；s 表示小数点后的位数，默认设置为 0。例如，decimal（10，5）表示共有 10 位数，其中整数 5 位，小数 5 位。

（4）货币数据类型：货币数据类型包括 Money 和 SmallMoney 两种。

① Money：用于存储货币值，存储在 Money 数据类型中的数值以一个正数部分和一个小数部分存储在两个 4 字节的整型值中，存储范围为-922337203685477.5808 到 922337203685477.5807。

② Smallmoney：与 Money 数据类型类似，但范围比 Money 数据类型小，其存储范围为-214748.3648 到 214748.3647。

2）近似数字类型

近似数字类型包括 Real 和 Float 两大类。

（1）Real 类型：可以存储正的或者负的十进制数值，最大可以有 7 位精确位数。它的存储为-3.40E-38～3.40E+38。每个 Real 类型的数据占用 4 字节的存储空间。

（2）Float 类型：可以精确到第 15 位小数，其值为-1.79E+308～1.79E+308。如果不指定 Float 数据类型的长度，它占用 8 字节的存储空间。Float 数据类型也可以写为 Float（n）的形式，n 指定 Float 数据的精度，n 为 1～15 内的整数值。当 n 取 1～7 时，实际上是定义了一个 Real 类型的数据，系统用 4 个字节存储；当 n 取 8～15 时，系统认为其是 Float 类型，用 8 字节存储。

3）日期和时间数据类型

（1）Datetime 类型：用于存储日期和时间的结合体，它可以存储从公元 1753 年 1 月 1 日零时起～公元 9999 年 12 月 31 日 23 时 59 分 59 秒的所有日期和时间，其精确度可达 3.33ms。Datetime 数据类型所占用的存储空间为 8 字节，默认的格式是 MM DD YYYY hh:mm A.M./P.M，当插入数据或者在其他地方使用 Datetime 类型时，需要用单引号把它括起来。

（2）SmallDatetime 类型：与 Datetime 数据类型类似，但其日期时间范围较小，它存储从 1900 年 1 月 1 日～2079 年 6 月 6 日内的日期。SmallDatetime 数据类型使用 4 字节存储数据，SQL Server 用 2 字节存储日期 1900 年 1 月 1 日以后的天数，时间以子夜后的分钟数形式存储在另外两个字节中，SmallDatetime 的精度为 1 分钟。

4）字符数据类型

字符数据类型也是 SQL Server 中最常用的数据类型之一，它可以用来存储各种字母、数字符号和特殊符号。在使用字符数据类型时，需要在其前后加上英文单引号或者双引号。

（1）Char 类型：其定义形式为 Char（n），当用 Char 数据类型存储数据时，每个字符和符号占用一个字节的存储空间。n 表示所有字符所占的存储空间，n 的取值为 1～8000。若不指定 n 值，则系统默认 n 的值为 1。若输入数据的字符串长度小于 n，则系统自动在其后添加空格来填满设定好的空间；若输入的数据过长，则会截掉其超出部分。

（2）Varchar 类型：其定义形式为 Varchar（n）。和 Char 类型不同的是，Varchar 类型的存储空间是根据存储在表中的每一列值的字符数变化的。如定义 Varchar（20），则它对应的字段最多可以存储 20 个字符，但是在每一列的长度达到 20 字节之前系统不会在其后添加空格来填满设定好的空间，因此使用 Varchar 类型可以节省空间。

（3）Text 类型：用于存储大量文本数据。

5）Unicode 字符数据类型

Unicode 字符数据类型包括 Nchar、Nvarchar、Ntext 三种。

（1）Nchar 类型：其定义形式为 Nchar（n）。它与 Char 数据类型类似，不同的是 Nchar 数据类型 n 的取值为 1～4000。Nchar 数据类型采用 Unicode 标准字符集，Unicode 标准使用两个字节为一个存储单位。

（2）Nvarchar 类型：其定义形式为 Nvarchar（n）。它与 Varchchar 数据类型相似，Nvarchar 数据类型也采用 Unicode 标准字符集，n 的取值为 1～4000。

（3）Ntext：与 Text 类型相似。

6）二进制字符数据类型

二进制数据类型包括 Binary、Varbinary、Image 三种。

（1）Binary 类型：其定义形式为 Binary（n），数据的存储长度是固定的，即 n+4 字节，当输入的二进制数据长度小于 n 时，余下部分填充 0。二进制数据类型的最大长度（即 n 的最大值）为 8000，常用于存储图像等数据。

（2）Varbinary 类型：其定义形式为 Varbinary（n），数据的存储长度是变化的，它为实际输入数据的长度加4字节。其他含义同 Binary。

（3）Image 类型：用于存储照片、目录图片或者图画，其理论容量为 2147483647 字节。其存储数据的模式与 Text 数据类型相同，通常存储在 Image 字段中的数据不能直接用 Insert 语句直接输入。

7）其他数据类型

（1）Table 类型：用于存储对表或者视图处理后的结果集。这种新的数据类型使得变量可以存储一个表，从而使函数或过程返回查询结果更加方便、快捷。

（2）Timestamp 类型：亦称时间戳数据类型，它提供数据库范围内的唯一值，反映数据库中数据修改的相对顺序，相当于一个单调上升的计数器。

（3）Uniqueidentifier 类型：用于存储一个16字节长的二进制数据类型，它是 SQL Server 根据计算机网络适配器地址和 CPU 时钟产生的全局唯一标识符（Globally Unique Identifier Data，GUID）。此数字可以通过调用 SQL Server 的 newid()函数获得。

（4）XML 类型：可以存储 XML 数据的数据类型。利用它可以将 XML 实例存储在字段中或者 XML 类型的变量中。注意，存储在 XML 中的数据不能超过 2GB。

3．创建表

完整的创建表 CREATE TABLE 语法格式比较复杂，可以参考 SQL Server 的联机丛书：

```
CREATE TABLE
    [ database_name . [ schema_name ] . | schema_name . ] table_name
       ( { <column_definition> | <computed_column_definition>
         | <column_set_definition> }
       [ <table_constraint> ] [ ,...n ] )
    [ ON { partition_scheme_name ( partition_column_name ) | filegroup
         | "default" } ]
    [ { TEXTIMAGE_ON { filegroup | "default" } ]
    [ FILESTREAM_ON { partition_scheme_name | filegroup
         | "default" } ]
    [ WITH ( <table_option> [ ,...n ] ) ]
[ ; ]

<column_definition> ::=
column_name <data_type>
    [ FILESTREAM ]
    [ COLLATE collation_name ]
    [ NULL | NOT NULL ]
    [
       [ CONSTRAINT constraint_name ] DEFAULT constant_expression ]
       | [ IDENTITY [ ( seed ,increment ) ] [ NOT FOR REPLICATION ]
    [ ROWGUIDCOL ] [ <column_constraint> [ ...n ] ]
    [ SPARSE ]

<data type> ::=
[ type_schema_name . ] type_name
    [ ( precision [ , scale ] | max |
       [ { CONTENT | DOCUMENT } ] xml_schema_collection ) ]
```

参数含义说明如下。

database_name：在其中创建表的数据库的名称。database_name 必须指定现有数据库的名称。如果未指定，则 database_name 默认为当前数据库。

schema_name：新表所属架构的名称。

table_name：新表的名称。表名必须遵循标识符规则。除了本地临时表名（以单个符号#为前缀的名称）不能超过 116 个字符之外，table_name 最多可包含 128 个字符。

column_name：表中列的名称。列名必须遵循标识符规则并且在表中是唯一的。column_name 最多可包含 128 个字符。

computed_column_expression：定义计算列的值的表达式。计算列并不是物理地存储在表中的虚拟列，除非此列标记为 PERSISTED。该列由同一表中的其他列通过表达式计算得到，表达式不能是子查询，也不能包含别名数据类型。

ON { <partition_scheme> | filegroup | "default" }：指定存储表的分区架构或文件组。如果指定了 <partition_scheme>，则该表将成为已分区表，其分区存储在 <partition_scheme> 所指定的一个或多个文件组的集合中。如果指定了 filegroup，则该表将存储在命名的文件组中。

DEFAULT：如果在插入过程中未显式提供值，则指定为列提供的值。DEFAULT 定义可适用于除定义为 timestamp 或带 IDENTITY 属性的列以外的任何列。只有常量值（如字符串）、标量函数或 NULL 可作为默认值。

constant_expression：用作列的默认值的常量、NULL 或系统函数。

IDENTITY：指示新列是标识列。标识列通常与 PRIMARY KEY 约束一起用作表的唯一行标识符。可以将 IDENTITY 属性分配给 tinyint、smallint、int、bigint、decimal(p,0) 或 numeric(p,0) 列。每个表只能创建一个标识列。不能对标识列使用绑定默认值和 DEFAULT 约束。必须同时指定种子和增量，或者两者都不指定。如果二者都未指定，则取默认值 (1,1)。

上面的语法不容易理解，这里将创建表语法简化如下。

```
CREATE TABLE 表名称
(
列名称1 数据类型 [NULL | NOT NULL],
列名称2 数据类型 [NULL | NOT NULL],
....
)
```

NULL 表示该字段可接收空值，NOT NULL 表示字段不接收空值。

例如，创建名为 Student 的表，包含学号 Stu_id，姓名 stu_name 字段，地址 Address 字段。

```
CREATE TABLE Student
( Stu_id Int NOT NULL,
  Stu_name Varchar(8) NOT NULL,
  Address Varchar(100) NULL
)
```

五、任务实施

1. 确定各表数据类型

字段数据类型要根据用户实际需求来定，这里举几个例子来分析说明。

（1）"学生学号"该用什么类型呢？很多同学觉得学号都是数字字符，所以应该选"Int"类型。其实使用 Int 保存学号是错误的，首先，很多学号比较长，甚至多达 12 位数字字符，超过了 Int 的范围；其次，学号前面有数字"0"的时候，如"002013003"，如果使用整数类型，则保存到数据库时，前面的"0"会被去掉，保存为"2013003"，这就产生了错误。所以学号、电话号码、身份证号都应该选择字符类型的字段，字符长度则根据最大长度来设定，如身份证号，可能是 15 位或者 18 位，一般定义长度为 18 位。

（2）假定某学校的学生学号长度为 10 位，则应该定义学号为 Char 还是 Varchar 类型呢？根据上面的分析可知，Char 是固定长度的，所以它的运行速度比 Varchar 快得多，学号本身长度也是固定的，所以应该使用 Char 类型来保存学号，既不浪费空间，处理速度也快。

（3）用户的 E-mail 用什么类型呢？用户 E-mail 长度不确定，最短 6 个字符，最长的可能有几十个字符，极端情况下可以上百个字符，如果使用 Char 类型，则长度不好定义，如果统一定义为 100，则浪费空间，所以相对来说，使用 Varchar 类型更合适一些，Varchar 类型会根据实际长度来存储。使用 Char 还是 Varchar，主要是在处理速度和空间之间找到平衡点。

（4）产品信息使用什么类型呢？假定产品信息都是文字信息，长度为 0～10000 个字符。因为 Varchar 长度最多不能超过 8000，所以如果长度可能大于 8000，则只能选择 Text 类型了。

以上就是字段类型的一些实例分析，当然，更多时候根据用户需求而定。为方便教学，下面对 GoodsDB 做了一些简化，如产品编码使用 5 位字母或者数字存储，E-mail 不超过 50 个字符，产品描述不超过 300 个字符等。经过简单分析后，定义表的结构如表 3.1.1～表 3.1.6 所示。

表 3.1.1　Category 表（存储产品分类信息）

字 段 名	字 段 类 型	是否允许空	字 段 意 义
CatCode	Char(3)	not null	分类编码
CatName	Varchar(30)	not null	分类名称
Description	Varchar(200)	null	分类描述

表 3.1.2　Product 表（存储产品信息）

字 段 名	字 段 类 型	是否允许空	字 段 意 义
ProCode	Char(5)	not null	产品编码
CatCode	Char(3)	not null	分类编码
ProName	Varchar(30)	not null	产品的名称
Price	Decimal(10，2)	not null	价格
StockNum	Int	not null	库存量
Description	Varchar(200)	Null	产品的描述

表 3.1.3　Account 表（存储客户信息）

字 段 名	字 段 类 型	是否允许空	字 段 意 义
AccCode	Varchar(20)	not null	登录账号
Password	Varchar(30)	not null	登录密码
Nick	Varchar(30)	not null	用户昵称
E-mail	Varchar(50)	null	用户 E-mail
Birthday	SmallDatetime	null	出生日期
Address	Varchar(80)	null	用户地址

项目 3　创建和管理表

表 3.1.4　OrderInfo 表（存储订单信息）

字 段 名	字 段 类 型	是否允许空	字 段 意 义
OrderId	Int	自动编号	订单 ID
AccCode	Varchar(20)	not null	客户 ID
OrderTime	Datetime	not null	订单时间
TotalPrice	Decimal(10，2)	null	订单总价格

表 3.1.5　OrderItem 表（存储订单商品明细信息）

字 段 名	字 段 类 型	是否允许空	字 段 意 义
ItemId	Int	自动编号	进货单号
OrderId	Int	not null	订单编号
ProCode	Char(5)	not null	产品编号
Quantity	Int	not null	销售数量

表 3.1.6　LoginLog 表（存储用户登录日志）

字 段 名	字 段 类 型	是否允许空	字 段 意 义
LogId	Int	自动编号	登录编号
AccCode	Varchar(20)	not null	用户 ID
Ip	Char(15)	not null	IP 地址
LoginTime	DateTime	not null	登录时间

上述表中除了定义字段数据类型之外，还指定了字段是否接受空值。

2. 使用 SSMS 创建各表

在 SSMS 中，展开数据库，右击"表"，在弹出的快捷菜单中选择"新建表"选项，然后按照上面列出的表名称、字段名称、字段类型建立各表。例如，图 3.1.1 为新建表 OrderInfo 示意图。注意自动编号字段的设置方法：在对应字段列属性中"标识规范"选择"是"，标识种子和标识增量可以使用默认设置。

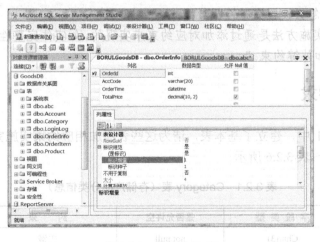

图 3.1.1　OrderInfo 表

3. 使用 SQL 查询语句创建表

根据创建表的语法,写出创建表的语句。例如,下面代码用于创建 Category 表的 SQL 语句。

```
CREATE TABLE  Category
(
CatCode   Char(3) not null,
CatName   Varchar(30) not null,
Description  Varchar(200)
)
```

六、课堂互动

(1) Nvarchar 和 Varchar 有什么不同?分别能存储多少英文字符、中文字符?
(2) 保存用户的照片可以用什么数据类型?假设照片大小限制在 30KB 以下。
(3) 若保存用户的年龄,则最合适使用什么数据类型?

任务 2 数据完整性设置

一、任务背景

小 Q:"我已经建立了基本的表了,但还没有设置表的关键字,表与表之间的关联也没有体现。"

老李:"对,创建表最主要的工作是指定数据类型和完整性设置。你提到的关键字、表之间的关联分别属于实体完整性和参照完整性,还有域完整性,数据类型、格式、值域范围、是否允许空值等都属于域完整性的范畴。"

小 Q:"完整性有什么作用呢?"

老李:"对数据实施完整性,主要是为了保证数据库中各个字段完整且合理。当然,这样说是比较抽象的,更深入的理解需要在应用中体会。"

小 Q:"那我该怎么设置完整性?"

老李:"完整性实施方法是通过添加对应约束来实现的,如实体完整性就是添加主键约束,参照完整性就是添加外键约束。"

二、任务需求

在本项目任务 1 中,建立了基本表,请为这些表添加相应约束实施完整性设置,各表的约束要求如表 3.2.1~表 3.2.6 所示。

表 3.2.1 Category 表(存储产品分类信息)

字 段 名	字 段 类 型	是否允许空	约　　束	字 段 意 义
CatCode	Char(3)	not null	主键	分类编码

续表

字 段 名	字 段 类 型	是否允许空	约 束	字 段 意 义
CatName	Varchar(30)	not null	唯一	分类名称
Description	Varchar(200)	null		分类描述

表 3.2.2 Product 表（存储产品信息）

字 段 名	字 段 类 型	是否允许空	约 束	字 段 意 义
ProCode	Char(5)	not null	主键	产品编码
CatCode	Char(3)	not null	外键	分类编码
ProName	Varchar(30)	not null	唯一	产品的名称
Price	Decimal(10, 2)	not null	默认 10, >0	价格
StockNum	Int	not null	默认 0, >=0	库存量
Description	Varchar(200)	null		产品的描述

表 3.2.3 Account 表（存储客户信息）

字 段 名	字 段 类 型	是否允许空	约 束	字 段 意 义
AccCode	Varchar(20)	not null	主键	登录账号
Password	Varchar(30)	not null		登录密码
Nick	Varchar(30)	not null		用户昵称
E-mail	Varchar(50)	null		用户 E-mail
Birthday	SmallDatetime	null		出生日期
Address	Varchar(80)	null		用户地址

表 3.2.4 OrderInfo 表（存储订单信息）

字 段 名	字 段 类 型	是否允许空	约 束	字 段 意 义
OrderId	Int	自动编号	主键	订单 ID
AccCode	Varchar(20)	not null	外键	客户 ID
OrderTime	Datetime	not null	默认 getdate()	订单时间
TotalPrice	Decimal(10, 2)	null	默认 0	订单总价格

表 3.2.5 OrderItem 表（存储订单商品详细信息）

字 段 名	字 段 类 型	是否允许空	约 束	字 段 意 义
ItemId	Int	自动编号	主键	进货单号
OrderId	Int	not null	外键	订单编号
ProCode	Char(5)	not null	外键	产品编号
Quantity	Int	not null	默认 1, >=0	销售数量

表 3.2.6　LoginLog 表（存储用户登录日志）

字 段 名	字 段 类 型	是否允许空	约　　束	字 段 意 义
LogId	Int	自动编号	主键	登录编号
AccCode	Varchar(20)	not null	外键	用户 ID
Ip	Char(15)	not null		IP 地址
LoginTime	Datetime	not null	默认 getdate()	登录时间

三、任务分析

数据完整性的实施是通过添加约束来完成的。上述表中，有以下 6 种约束。
（1）Primary Key：主键约束，对应实体完整性。
（2）Foreign Key：外键约束，对应参照完整性。
（3）Unique：唯一值约束，对应实体完整性。
（4）Default：默认值约束，对应域完整性。
（3）Check：检查约束，对应域完整性，如 Product 表中规定库存量 StockNum>=0。
（6）NOT NULL：非空约束，对应域完整性，非空约束在本项目任务 1 中已经完成。

四、知识要点

1．完整性

数据完整性是指存储在数据库中的数据正确无误并且相关数据具有一致性。数据完整性的类型有以下几种。

1）实体完整性

实体完整性：在表中不能存在完全相同的记录，且每条记录都要具有一个非空且不重复的主键值。实体完整性的实施方法是添加 Primary Key 约束和 Unique 约束。

2）域完整性

域完整性：向表中添加的数据必须与数据类型、格式及有效的数据长度相匹配。

实现域完整性的方法：Check 约束、外键约束、默认值约束、非空定义、规则以及在建表时设置的数据类型。

3）参照完整性

参照完整性：又称为引用完整性，是指通过主键与外键相联系的两个表或两个以上的表，相关字段的值要保持一致。

实现实体完整性的方法：外键约束。

4）用户定义的完整性

用户定义的完整性：根据具体的应用领域所要遵循的约束条件由用户自己定义的特定的规则。

2．约束

约束是 SQL Server 提供的自动强制数据完整性的一种方法。它通过定义列的取值规则来维护数据的完整性。

约束有 PRIMARY KEY、UNIQUE、CHECK、NOT NULL、DEFAULT、FOREIGN KEY，详细介绍如下。

1）主键约束 PRIMARY KEY

PRIMARY KEY 约束用于定义基本表的主键，它是唯一确定表中每一条记录的标识符，其值不能为 NULL，也不能重复，以此来保证实体的完整性。PRIMARY KEY 与 UNIQUE 约束类似，通过建立唯一索引来保证基本表在主键列取值的唯一性，但它们之间存在着很大的区别。

① 在一个基本表中只能定义一个 PRIMARY KEY 约束，但可定义多个 UNIQUE 约束。

② 对于指定为 PRIMARY KEY 的一个列或多个列的组合，其中任何一个列都不能出现空值，而对于 UNIQUE 约束的唯一键，则允许为空。

> **注意**
> 不能为同一个列或一组列既定义 UNIQUE 约束，又定义 PRIMARY KEY 约束。

2）唯一性约束 UNIQUE

唯一性约束用于指定一个或者多个列的组合值具有唯一性，以防止在列中输入重复的值。定义了 UNIQUE 约束的那些列称为唯一键，系统自动为唯一键建立唯一索引，从而保证了唯一键的唯一性。

当使用唯一性约束时，需要考虑以下几个因素。

① 使用唯一性约束的字段允许为空值。

② 一个表中可以允许有多个唯一性约束。

③ 可以把唯一性约束定义在多个字段上。

④ 唯一性约束用于强制在指定字段上创建一个唯一性索引。

⑤ 默认情况下，创建的索引类型为非聚集索引。

3）检查约束 CHECK

检查约束对输入列或者整个表中的值设置检查条件，以限制输入值，保证数据库数据的完整性。CHECK 约束使用逻辑表达式来限制表中的列可以接收哪些数据值。例如，成绩值应该为 0～100，可以为成绩字段创建 CHECK 约束，使取值在正常范围内。

当使用检查约束时，应该考虑和注意以下几点。

① 一个列级检查约束只能与限制的字段有关；一个表级检查约束只能与限制的表中字段有关。

② 一个表中可以定义多个检查约束。

③ 每个 CREATE TABLE 语句中每个字段只能定义一个检查约束。

④ 在多个字段上定义检查约束时，必须将检查约束定义为表级约束。

⑤ 当执行 INSERT 语句或者 UPDATE 语句时，检查约束将验证数据。

4）非空约束 NOT NULL

非空约束用来控制是否允许该字段的值为 NULL。NULL 值不是 0 也不是空白，而表示"不确定"或"没有数据"。

当某一字段的值一定要输入才有意义的时候，可以设置为 NOT NULL。如主键列就不允许出现空值，否则就失去了唯一标识一条记录的作用。空值约束只能用于定义列约束。

5）默认约束 DEFAULT

默认约束指定在插入操作中没有提供输入值时，系统自动指定值。默认约束可以包括常量、函数、不带变元的内建函数或者空值。使用默认值可以提高数据输入的速度。

使用默认约束时，应该注意以下几点。

① 每个字段只能定义一个默认约束。

② 如果定义的默认值长于其对应字段的允许长度，那么输入到表中的默认值将被截断。

③ 不能加入到带有 IDENTITY 属性的字段上。

④ 如果字段定义为用户定义的数据类型，而且有一个默认绑定到这个数据类型上，则不允许该字段有默认约束。

6）外键约束 FOREIGN KEY

外键约束是指一个表中的一列或列组合，它不是该表的主键，而是另一个表的主键。外键约束用于强制参照完整性。外键的目的是实现两表之间相关数据的一致性。

外键约束提供了字段参照完整性，当使用外键约束时，应该考虑以下几个因素。

① 主键和外键的数据类型必须严格匹配。

② 一个表中最多可以有 31 个外键约束。

③ 外键约束不能自动创建索引，需要用户手动创建。

④ 在临时表中，不能使用外键约束。

五、任务实施

任务实施步骤如下。

1. 设置各表的主键

在 SSMS 中，展开 GoodsDB 数据库，右击对应的表，在弹出的快捷菜单中选择"设计"选项，在进入的表设计界面上，右击对应要设定为主键的列，选择"设置主键"选项即可，或者直接单击工具栏中的 图标。例如，图 3.2.1 为设置表 Category 的主键的示意图。

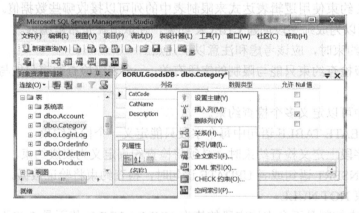

图 3.2.1　设置主键

也可以使用 SQL 语句来添加主键，下面的语句用于将 Product 表的 ProCode 字段设置为主键，添加主键约束。

```
ALTER TABLE Product
ADD CONSTRAINT PK_Product  PRIMARY KEY (ProCode)
```

其他表的主键设置可以参照这两种方法完成。

2. 设置 UNIQUE 约束

表 Category 的 CatName 字段必须设置唯一性约束。在 SSMS 中，展开 GoodsDB 数据库，右击对应的表，在弹出的快捷菜单中选择"设计"选项，在进入的表设计界面上，右击对应列，选择"索引/键"选项，单击右下角的"添加"按钮，系统默认添加名称为"IX_Category"，设置列为"CatName"，"是唯一的"设置为"是"，如图 3.2.2 所示。

也可以使用 SQL 语句来添加唯一性约束，下面的语句用于为 Product 表的 ProName 添加 UNIQUE 约束。

```
ALTER TABLE Product
ADD CONSTRAINT IX_ProName UNIQUE (ProName)
```

其他表的唯一性约束可以参照这两种方法完成。

图 3.2.2　添加 UNIQUE 约束

3. 设置 CHECK 约束

为 Product 表的 Price 字段添加 CHECK 约束为 ">0"，在 SSMS 中，展开 GoodsDB 数据库，右击对应的表，在弹出的快捷菜单中选择"设计"选项，在进入的表设计界面上，右击对应列，选择"CHECK 约束"选项，单击右下角的"添加"按钮，系统默认添加名称为"CK_Product"，设置表达式为"Price>0"，如图 3.2.3 所示。

图 3.2.3　添加 CHECK 约束

也可以使用 SQL 语句来添加 CHECK 约束,下面的语句用于为 Product 表的 StockNum 添加大于等于 0 的 CHECK 约束。

```
ALTER TABLE Product
ADD CONSTRAINT CK_StockNum CHECK(StockNum>=0)
```

其他表的 CHECK 约束可以参照这两种方法完成。

4. 设置 DEFAULT 约束

前面我们了解到 DEFAULT 约束可以为数值,也可以为函数,下面以为表 OrderInfo 的 OrderTime 字段添加 DEFAULT 约束为"getdate()"为例,讲解添加 DEFAULT 约束的做法。在 SSMS 中,展开 GoodsDB 数据库,右击对应的表,在弹出的快捷菜单中选择"设计"选项,在进入的表设计界面上,单击对应列,在下方列属性的默认值绑定项目中,输入"getdate()"函数,如图 3.2.4 所示,getdate()函数值为系统当前日期和时间。

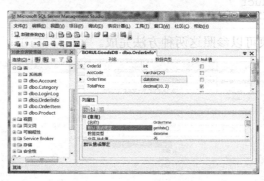

图 3.2.4　添加 DEFAULT 约束

也可以使用 SQL 语句来添加 DEFAULT 约束,下面的语句用于为 Product 表的 StockNum 添加默认值为 0 的 DEFAULT 约束。

```
ALTER TABLE Product
ADD CONSTRAINT DF_StockNum DEFAULT(0) FOR StockNum
```

其他 DEFAULT 约束可以参照这两种方法完成。

5. 设置外键约束

表 Product 的 CatCode 字段必须设置外键约束,使该字段的值参照 Category 表的 CatCode 字段。在 SSMS 中,展开 GoodsDB 数据库,右击 Product 表,弹出快捷菜单,选择"设计"选项,在进入的表设计界面上,右击对应列,弹出快捷菜单,选择"关系"选项,如图 3.2.5 所示。

图 3.2.5　选择"关系"选项

单击左下角的"添加"按钮,然后单击新关系的"表和列规范"右侧的按钮,如图 3.2.6 所示。在"表和列"对话框中,设置 Category 为主键表,Product 为外键表,关联字段为 CatCode,如图 3.2.7 所示。

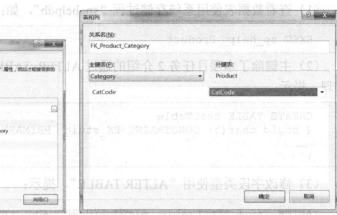

图 3.2.6　添加外键约束　　　　　　　图 3.2.7　设置主键表和外键表

也可以使用 SQL 语句来添加外键约束,下面的语句用于为 OrderItem 表的 OrderID 字段和 ProCode 字段添加外键约束。

```
ALTER TABLE OrderItem ADD CONSTRAINT FK_OrderItem_OrderInfo
    FOREIGN KEY(OrderId) REFERENCES OrderInfo(OrderId)
ALTER TABLE OrderItem ADD CONSTRAINT FK_OrderItem_Product
    FOREIGN KEY(ProCode) REFERENCES Product(ProCode)
```

其他表的外键约束可以参照这两种方法完成。

六、课堂互动

(1)数据完整性有几种,分别使用何种约束实现?
(2)空值与空字符串等价吗?
(3)设置唯一性约束的字段能设置为主键吗?

拓展实训 3-1　查看表信息、修改表结构、删除表

【实训目的】

使用管理工具和查询语句进行数据表的查看、修改、删除操作。

【实训内容】

分别使用 SSMS 管理工具和查询语句完成以下操作。
(1)查看 Product 的所有者、创建日期、字段数据类型等信息。
(2)创建数据表 testTable(stuid char(5) 主键, stuname char(8),age int)。
(3)修改表 testTable,将 age 类型修改为 tinyint。
(4)修改表 testTable,增加一列,即增加 address varchar(50)。

(5) 删除表 testTable。

【训练要点】

使用管理工具操作比较简单，可以通过右键菜单完成。查询语句的实现提示如下。

(1) 查看数据表使用系统存储过程"sp_helpdb"，如：

```
EXEC sp_help Product
```

(2) 主键除了本项目任务 2 介绍的通过 ALTER TABLE 来实现之外，也可以在创建表中实现，提示：

```
CREATE TABLE testTable
( stuid char(5) CONSTRAINT PK_stuid PRIMARY KEY,
  ......
)
```

(3) 修改字段类型使用"ALTER TABLE"，提示：

```
ALTER TABLE testTable ALERT COLUMN age tnyint
```

(4) 增加一列使用"ALTER TABLE"，提示：

```
ALTER TABLE testTable ADD address varchar(50)
```

(5) 删除数据表使用"DROP TABLE"，提示：

```
DROP TABLE testTable
```

拓展实训 3-2　表数据导入导出

【实训目的】

使用"SQL Server 导入和导出向导（DTS）"进行数据的导入和导出操作。

【实训内容】

(1) 数据导入。将文本文件或 OLE DB 数据源导入到 SQL Server 2014 数据库中。

(2) 数据导出。把数据从 SQL Server 中导出到任何 OLE DB 数据源或 ODBC 数据源中。

【训练要点】

有以下 3 种方法可以启动 SQL Server 导入和导出向导。

(1) 选择"开始→Microsoft SQL Server 2014→SQL Server 导入和导出向导"选项。

(2) 在 Windows 运行窗口中运行"DTSwizard"。

(3) 启动 SQL Server Management Studio，连接到 SQL Server 数据库引擎，在对象资源管理器中展开选定的数据库节点，右击具体的数据库，然后在弹出的快捷菜单中选择"任务->导入数据/导出数据"选项。

下面以文本文件为例，介绍数据导入操作。

(1) 准备好要导入的数据，可以是 XLS、MDB、TXT 文件类型数据。以 TXT 文本数据为例，在文本文件中输入以下数据，保存为 Users.txt 文件。

项目 3　创建和管理表

```
zhangsan,321,张三,zs@163.com,1995-01-01,广州市海珠区
lisi,123,李四,ls@21cn.com,1992-10-10,北京市朝阳区
```

（2）启动"SQL Server 导入和导出向导"，单击"下一步"按钮，进入选择数据源界面，如图 3.3.1 所示，数据源选择"平面文件源"，文件名选择刚才保存的文本文件。因该文件不包含标题列，所以取消选中"在第一个数据行中显示列名称"复选框，单击"下一步"按钮。

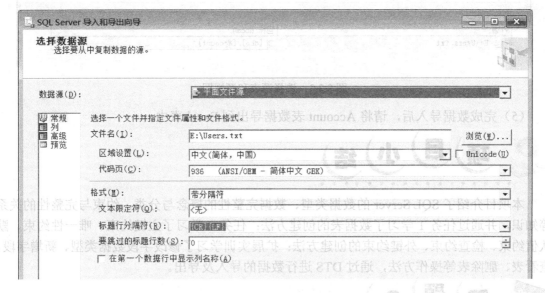

图 3.3.1　选择数据源

（3）进入选择目的界面，在"目标"下拉列表中选择"SQL Server Native Client 11.0"，在"服务器名称"下拉列表中选择具体的服务器并在下方设置身份验证方法。若身份验证为"使用 SQL Server 身份验证"，则要输入用户名和密码，在"数据库"下拉列表中选择具体的数据库"GoodsDB"，倘若无反应，可单击"刷新"按钮，这里选择"订单管理"，然后单击"下一步"按钮，如图 3.3.2 所示。

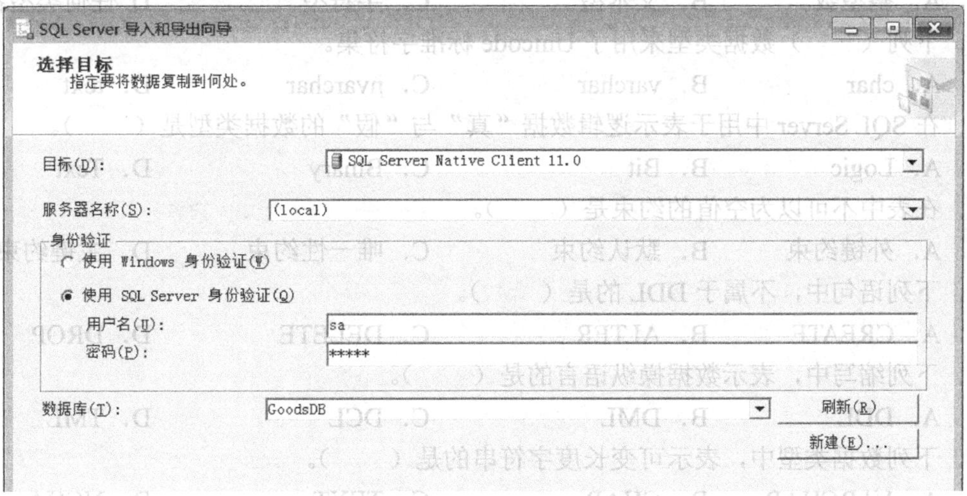

图 3.3.2　选择目标

（4）进入选择源表和源视图界面，如图 3.3.3 所示，选择 Account 表，单击"下一步"按钮，按照提示完成数据导入操作即可。

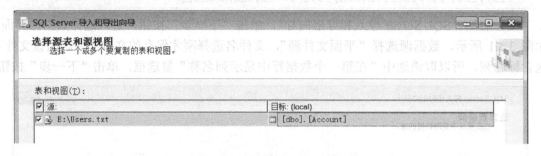

图 3.3.3　选择源表和源视图

（5）完成数据导入后，请将 Account 表数据导出到 Excel 表中。

本项目介绍了 SQL Server 的数据类型、数据完整性的概念与分类，约束与完整性的关系等知识，并通过任务 1 学习了数据表的创建方法；任务 2 学习了主键约束、唯一性约束、默认值约束、检查约束、外键约束的创建方法；扩展实训学习了修改字段数据类型、新增字段、查看表、删除表等操作方法，通过 DTS 进行数据的导入及导出。

一、选择题

1．在定义表结构时，可以设置数据类型宽度的是（　　）。
　　A．int　　　　　B．nvarchar　　　　C．real　　　　D．datetime

2．在定义表结构时，可以设置成标识列的数据类型是（　　）。
　　A．整型数　　　B．文本型　　　　　C．字符型　　　D．任何类型都可以

3．下列（　　）数据类型采用了 Unicode 标准字符集。
　　A．char　　　　B．varchar　　　　　C．nvarchar　　D．text

4．在 SQL Server 中用于表示逻辑数据"真"与"假"的数据类型是（　　）。
　　A．Logic　　　　B．Bit　　　　　　　C．Binary　　　D．Text

5．在表中不可以为空值的约束是（　　）。
　　A．外键约束　　B．默认约束　　　　C．唯一性约束　D．主键约束

6．下列语句中，不属于 DDL 的是（　　）。
　　A．CREATE　　B．ALTER　　　　　C．DELETE　　D．DROP

7．下列缩写中，表示数据操纵语言的是（　　）。
　　A．DDL　　　　B．DML　　　　　　C．DCL　　　　D．TML

8．下列数据类型中，表示可变长度字符串的是（　　）。
　　A．VARCHAR　　B．CHAR　　　　　C．TEXT　　　D．NCHA

9．要建立一个约束，保证用户表(user)中年龄(age)必须在 16 岁以上，下面语句正确的是

( )。
   A. alter table user add constraint ck_age CHECK(age>16)
   B. alter table user add constraint df_age DEFAULT(16) for age
   C. alter table user add constraint uq_age UNIQUE(age>16)
   D. alter table user add constraint df_age DEFAULT(16)

10. SQL 语言中，删除表的命令是（ ）。
   A. DELETE TABLE   B. DROP TABLE
   C. CLEAR TABLE   D. REMOVE TABLE

11. 在 SQL Server 中，用来显示数据库信息的系统存储过程是（ ）。
   A. sp_dbhelp   B. sp_db   C. sp_help   D. sp_helpdb

12. 语句 alter table userinfo add constraint uq_userid unique(userid)执行成功后，为 userinfo 表的（ ）字段添加了（ ）约束。
   A. userid，主键   B. userid，唯一
   C. uq_userid，外键   D. uq_userid，检查

二、填空题

1. 表的关联就是_____约束。

2. 关系图中的关系连线的终点图标代表了关系的类型，如果关系连线两端都为钥匙图标，则关系类型为_____；如果关系连线一端为钥匙图标，另一端为∞图标，则关系类型为_____。

3. T-SQL 语句基本表定义了_____、_____、_____和_____ 4 个表级约束。

4. 使用 T-SQL 的_____语句可以修改数据库。

5. 按定义的范围可以分为_____级约束和_____级约束。

三、问答题

1. 什么是数据的完整性？完整性有哪几种？
2. DEFAULE 约束的特点是什么？

项目 4
数据插入、删除、修改和查询

📁 技能目标及知识目标

- ◎ 熟悉数据增加、删除、修改的 SQL 语法；
- ◎ 掌握数据增加、删除的方法；
- ◎ 掌握简单查询、条件查询、连接查询、嵌套查询的方法；
- ◎ 掌握聚合函数的用法；
- ◎ 掌握分组筛选、计算汇总的方法。

📁 项目导引

创建数据库和表的目的在于存储数据，系统开发过程中，更多的时候是对表的数据进行管理，包括数据的插入、修改（更新）、删除、查询。通常这些操作都是通过 SQL 语句来完成的，所以本项目需要重点掌握应用 SQL 语句进行数据管理的方法。

数据查询是数据库的重要技术，是数据库的主要应用目的；熟练掌握各种查询可为数据库应用系统的开发奠定基础；因此，本项目用 4 个任务详细学习各种查询。

任务 1　插入、修改、删除表数据

一、任务背景

小 Q："数据表都建立好了，要新增一些数据，这个很容易哦，我刚才就使用企业管理器录入几条商品数据了。"

老李："很多时候数据的增加是不能使用企业管理器实现的，比如 B2C 电子商务平台，若有新用户注册，就不可能让用户通过企业管理器录入自己的注册信息。"

小 Q："那如何做呢？"

老李："数据库一般起到存储数据的作用，一个系统中，数据库需要和程序配合才能发挥作用。比如，我们用开发工具开发用户注册的页面，接收用户输入的注册信息，然后检查没有问题后，调用 SQL 的 Insert 语句，将注册信息插入到数据库中。"

小 Q："我有些明白了，您上次提到 SQL 分为 DML、DDL、DCL，其中数据插入、修改、删除是属于数据操纵语言的，作为程序员，一定要熟练掌握 DML，就是基于这个原因吧。"

老李："没错。另外，像这种 B2C 系统，当系统开发完成运营后，数据库放在服务器中，只有最高级的管理员才能进入，日常的操作，如商品信息的录入、修改、删除都通过一个后台管理程序进行。"

二、任务需求

某销售公司正在使用一个 B2C 电子商务平台销售手机配件，随着商品销售的过程，某些产品已经停产不再提供货源，需要从数据库中删除商品信息；某些新开发的商品开始进行销售，需要在数据库中添加此商品的信息；某些商品的数据库信息存在错误，需要在数据库中对错误信息进行修改。需要完成的任务如下。

（1）使用 INSERT 语句向 Product 表中添加两条记录。
（2）使用省略 INSERT 子句列表方法向 Product 表添加两条数据。
（3）建立 Product 备用表 Product1，然后使用 INSERT…SELECT 语句插入数据。
（4）使用 SELECT…INTO 语句完成新建"飞毛腿商品"表格的同时插入数据。
（5）将 Product 表格中所有 CatCode 为"A01"的商品的 Price 降低 5 元。
（6）使用 DELETE 语句删除 Product 表中价格小于 100 元的商品。
（7）使用 TRUNCATE TABLE 语句删除 Product1 表中的剩余数据。

三、任务分析

此任务的需求主要是进行表数据的管理，主要包括表数据的插入、修改和删除。通常，表和视图数据管理可使用 SQL Server 2014 管理平台和 T-SQL 语句两种方法来完成。

使用 SQL Server 2014 管理平台管理表数据的方法如下：启动 SQL Server 2014 管理平台，在"对象资源管理器"中逐级展开其中的树形目录，在 GoodsDB 中右击要进行数据管理的具体表格（如 Product 表、Account 表），从弹出的快捷菜单中选择"打开表"选项，而后即可进行表数据的添加、更新与删除，如图 4.1.1 和图 4.1.2 所示，操作比较直观、便捷。后文中将会具体介绍使用 T-SQL 语句进行数据库管理的操作。

ProCode	CatCode	ProName	Price	StockNum	Description
A0201	A02	苹果专用充电器	89.00	43	品胜（PISEN）…
A0202	A02	飞毛腿(SCUD)5…	65.00	88	飞毛腿(SCUD)5…
A0203	A02	摩米士（MOMA…	89.00	56	摩米士（MOMA…
A0204	A02	摩托罗拉P823…	65.00	89	摩托罗拉（Mot…
A0212	A02	品胜 BM10 充电器	55.00	54	品胜（PISEN）…
A0220	A02	品胜S5830充电器	45.00	9	NULL
A0288	A02	飞毛腿5800蓝…	89.00	0	USB数码万能充…
A0301	A03	捷波朗EASYGO…	199.00	12	捷波朗（Jabra…
A0621	A06	卡士奇8G	76.00	200	卡士奇（Karsiqi…
A0622	A06	金士顿64G	388.00	100	金士顿（Kingst…
AA101	A01	品胜S5830电池	40.00	100	品胜S5830电池…
AC301	A02	摩托罗拉P513…	66.00	45	摩托罗拉（Mot…
AC302	A02	乐phone充电器	43.00	56	联想（Lenovo…
AP001	A01	品胜（PISEN）…	46.00	8	品胜（PISEN）…
B0101	B01	SSK读卡器	67.00	0	飚王（SSK）奔…
B0199	B01	USB 3.0 读卡器	33.00	233	金士顿（kingst…
B0290	B02	华美移动电源	78.00	2	华美（Hame）…
NULL	NULL	NULL	NULL	NULL	NULL

图 4.1.1　使用 SSME 插入数据

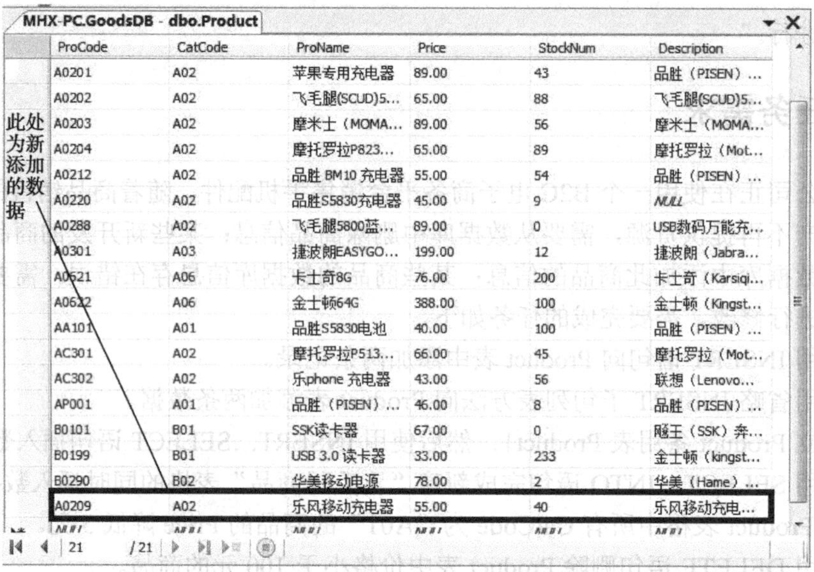

图 4.1.2 使用 SSME 插入数据后

四、知识要点

1. 数据插入

T-SQL 中主要使用 INSERT 语句向表或视图中插入新的数据行。用于查询的 SELECT 语句也可用于向表中插入数据。

表数据的插入语法格式如下：

```
INSERT [ INTO ] {table_name | view_name}
{ (column_name [ ,...n] )
  { VALUES({ DEFAULT | NULL | expression } [ ,...n] )| derived_table }
}
```

命令说明：

（1）INSERT [INTO]：指定要向表中插入数据，INTO 可以省略。

（2）{table_name | view_name}：表示要插入数据的表或视图的名称。

（3）(column_name [,...n])：表示要插入数据的表或视图的列名清单。

（4）VALUES：该关键字指定要插入数据的列表清单。

（5）{ DEFAULT | NULL | expression } [,...n]：该数据列表清单中包括默认值、空值和表达式的数量、次序和数据类型必须与列清单中指定列的定义相匹配。如果在 VALUES 清单中按表中定义的列的顺序提供每列的值，则可以省略列清单。

（6）derived_table：这是一个导入表中数据的 SELECT 子句。通常 INSERT 命令一次只能在表中插入一行数据，但可以采用 SELECT 子句替代 VALUES 子句，将一张表中的多行数据导入到要插入数据的表中。

（7）尽管有时可能仅仅需要向表中插入某一（或某几）个字段的数据，但是该字段所在行的其他字段一定是自动取空值、默认值和自动编号值之一的，即插入数据是一次插入一行。如果表中包含具有非空属性的列，则进行插入操作时必须向该字段插入数据，即在列各清单

项目 4　数据插入、删除、修改和查询

及数据列表清单中必须有其对应项，除非该列设置了默认值或自动编号等由系统自动插入数据的属性。

2．数据更新

T-SQL 语句中的 UPDATE 语句用于更新表中的数据，该语句可以用于一次修改表中一行或多行数据，其语法格式如下。

```
UPDATE table_name
    SET
{ column_name = { expression | DEFAULT | NULL }
    | @variable = expression
    | @variable = column_name = expression
} [ ,...n ]
[ FROM { < table_source > } [ ,...n ] ]
[ WHERE < search_condition > ]
```

命令说明：

（1）UPDATE table_name：指定需要更新的表的名称为 table_name 所表示的名称。

（2）SET：该子句表示对指定的列或变量名称赋予新值。

（3）column_name = { expression | DEFAULT | NULL}：将变量、字符、表达式的值，或默认值，或空值替换 column_name 所指定列的现有值，不能修改标识列数据。

（4）@variable = expression：指定将变量、字符、表达式的值赋予一个已经声明的局部变量。（局部变量见项目 5 "T-SQL 编程"任务）。

（5）@variable = column_name = expression：指定将变量、字符、表达式的值同时赋予一列和一个变量。

（6）FROM { < table_source >：表示要依据一个表（可以是本表或其他表）中的数据进行更新操作。

（7）WHERE < search_condition >：指定修改数据的条件，如果省略此选项，则修改每一行中的该列数据。有 WHERE 子句时，仅修改符合 WHERE 条件的行。

（8）在一个 UPDATE 中，可以一次修改多列的数据，只要在 SET 后面写入多个列名及其表达式，每个用逗号隔开即可。

（9）UPDATE 不能修改具有 IDENTITY 属性的列值。

3．数据删除

在 T-SQL 语句中删除表中数据的方法有两种，在指定的表或视图中删除满足给定条件的数据可以使用 DELETE 语句；如果要清除表中全部数据，则可以使用 TRUNCATE TABLE 语句。DELETE 语句的语法格式如下。

```
DELETE [ FROM ] { table_name | view_name }
      [ FROM { < table_source >}]
      [ WHERE < search_condition >]
```

命令说明：

（1）DELETE 语句中的语法项目含义与 UPDATE 语句相同。

（2）WHERE 子句给出删除数据必须满足的条件，省略 WHERE 子句时将删除所有数据。

TRUNCATE TABLE 语句的语法格式如下。

```
TRUNCATE TABLE [{database_name.[schema_name]. | schema_name.}]table_name [;]
```

其中，table_name 表示要删除数据的表的名称。
TRUNCATE TABLE 语句的语法说明如下。

（1）TRUNCATE TABLE 语句可删除指定表中的所有数据行，表结构及其索引可继续保留，为该表所定义的约束、规则、默认值和触发器仍然有效。

（2）与 DELETE 语句相比，TRUNCATE TABLE 语句删除速度更快。因为 DELETE 语句在每删除一行时都要把删除操作记录到日志中，而 TRUNCATE TABLE 语句则通过释放表数据页面的方法来删除表中的数据，它只在释放页面后做一次事务日志。

（3）使用 TRUNCATE TABLE 语句删除数据后，这些数据不可恢复，而 DELETE 操作可回滚，能够恢复原来的数据。

（4）TRUNCATE TABLE 语句不能操作日志，它不能激活触发器，所以 TRUNCATE TABLE 语句不能删除一个被其他表通过 FOREIGN KEY 约束参照的表。

五、任务实施

任务实施步骤如下。

1. 基本格式插入实例

要求：使用 INSERT 语句向 Product 表添加两条记录。
程序代码如下：

```
insert into product (ProCode,CatCode,ProName,Price,StockNum,Description)
Values ('A0103','A01','金士顿16G',200,100,'略')
Insert into product (ProCode,CatCode,ProName,Price,StockNum,Description)
Values ('A0208','A02','品胜充电器',154,100,'略')
```

执行指令，运行结果及打开表数据的验证过程如图 4.1.3 所示。

图 4.1.3　插入数据

2. 省略 INSERT 子句列表

要求：使用省略 INSERT 子句列表方法插入两条数据。

从表数据的插入语法格式中可以看出，INSERT INTO 子句后可以不带列名，但若不带指定列的列表，输入值的顺序必须与表或者视图中的列顺序一致，数据类型、数据精度和小数位数必须与列的对应列一致。

程序代码如下，结果如图 4.1.4 所示。

```
Insert into product
Values ('A0104','A01','乐风数据线',24,56,'略')
Insert into product (ProCode,CatCode,ProName,Price,StockNum,Description)
Values ('A0308','A03','乐风手机音响',98,200,'略')
```

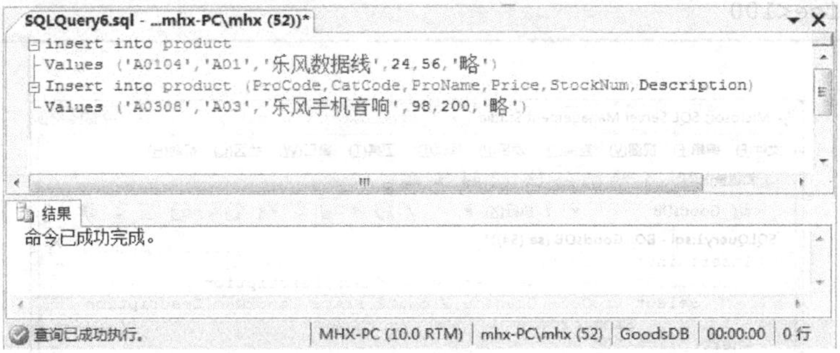

图 4.1.4　使用省略 INSERT 子句插入数据

3. 使用 INSERT…SELECT 语句

要求：先建立 Product 备用表 Product1，然后使用 INSERT…SELECT 语句插入数据。

INSERT…SELECT 语句利用了 SELECT 子句的结果集，它与 INSERT 语句结合使用，可以将结果集数据插入到指定的表中，该方法可以将一条或多条数据插入表中，也可用于将一个或多个其他表或者视图的值添加到表中。

程序代码如下，结果如图 4.1.5 和图 4.1.6 所示。

（1）新建 Product 备用表 Product1。

```
CREATE TABLE Product1
 (ProCode char(5) NOT NULL,
   CatCode char(3) NOT NULL,
   ProName varchar(30) NOT NULL,
   Price decimal(10, 2) NOT NULL,
   StockNum int NULL,
   Description varchar(200) NULL,
 CONSTRAINT PK_Product1 PRIMARY KEY(procode))
 ON [PRIMARY]
```

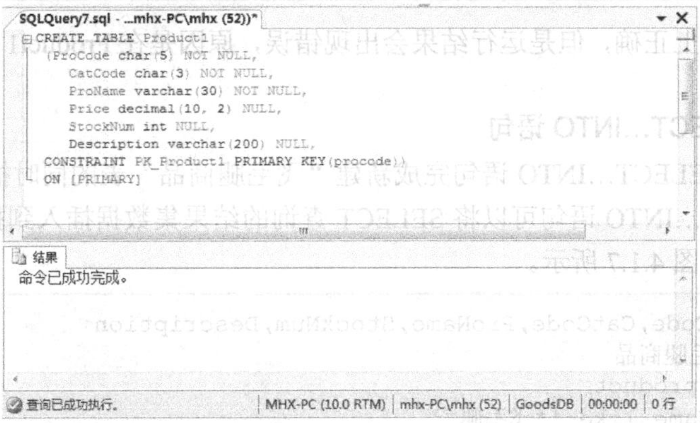

图 4.1.5　创建表

（2）在建立备用表的基础上利用 INSERT…SELECT 语句插入数据。

```
Insert into product1
(ProCode,CatCode,ProName,Price,StockNum,Description)
    Select ProCode,CatCode,ProName,Price,StockNum,Description
        From product
where price<100
```

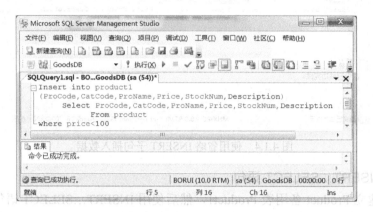

图 4.1.6　INSERT…SELECT 语句

（3）分析：分段执行上述语句，建立 Product1 备用表结构后，利用 SELECT…FROM…WHERE 语句添加数据信息就显得相当便捷，正确性也比较高。

> **注意**
> 该方法在应用时，未输入的列系统会作为空值输入，某些带约束的列在执行时会产生差错，导致 INSERT 失败。例如：

```
Insert into product1
(ProCode,CatCode,ProName,StockNum,Description)
    Select ProCode,CatCode,ProName,StockNum,Description
        From product
where CatCode='A01'
```

该段语句逻辑上正确，但是运行结果会出现错误，原因是在 Product1 表结构中，Price 字段不能为 NULL。

4. 使用 SELECT…INTO 语句

要求：使用 SELECT…INTO 语句完成新建"飞毛腿商品"表的同时插入数据。

使用 SELECT…INTO 语句可以将 SELECT 查询的结果集数据插入到指定的新表中。程序代码如下，结果如图 4.1.7 所示。

```
Select ProCode,CatCode,ProName,StockNum,Description
    Into 飞毛腿商品
        From product
 Where ProName like '*飞毛腿*'
```

项目4 数据插入、删除、修改和查询

图 4.1.7 SELECT…INTO 语句的使用

5. 使用 UPDATE…SET 语句更新数据

要求：将 Product 表中所有 CatCode 为 "A01" 的商品的 Price 降低 5 元。

程序代码如下：

```
Update product
   Set price=price-5
      Where Catcode='A01'
```

执行效果如图 4.1.8 所示。

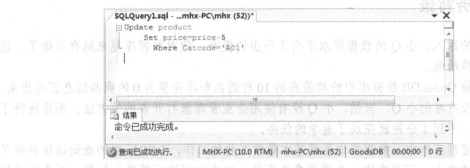

图 4.1.8 更新数据

> **注意**
>
> 在对表格中的数据进行修改的时候，对于存在键值和外键约束的列，修改的时候必须注意修改可能造成的后果。

同样，也可以使用 SQL Server 管理平台修改表中的数据，方法与插入一样，先将要进行修改的表格打开，然后对指定的数据进行修改。使用 SQL Server 管理平台一条一条地修改记录，可以直观地看到原有数据和修改后的数据。但是修改量很大时，采用这种方式非常耗费时间。因此，在针对大量数据进行修改时，一般是使用 T-SQL。

6. 使用 DELETE 语句删除数据

要求：使用 DELETE 语句删除 Product 表中价格小于 100 元的商品。

程序代码如下：

```
delete from product
where price<100
```

7. 使用 TRUNCATE TABLE 语句删除数据

要求：使用 TRUNCATE TABLE 语句删除 Product1 表中的剩余数据。

程序代码如下：

```
Truncate table Product1
```

同样，也可以使用 SQL Server 管理平台删除数据。打开要删除数据的表，右击要删除的数据，在弹出的快捷菜单中选择"删除"选项即可将数据永久删除。

六、课堂互动

（1）向数据表中添加数据的方法有哪几种？
（2）数据更新操作能否同时修改一条数据的多个值？

任务 2　简单查询

一、任务背景

随着学习的深入，小 Q 的数据库水平有了不少的提升，他对数据库越来越有兴趣了，让老李分配些工作给他。

老李让他将 GoodsDB 数据库中价格最高的 10 种商品和库存量为 0 的商品信息汇总出来。这次的任务可没有难倒小 Q，当然，小 Q 没有使用企业管理器打开表的笨方法，而是执行了两条查询语句，不到 1 分钟就完成了老李的任务。

在数据库管理工作中，数据查询是最基本最常态化的工作，T-SQL 中的查询语法提供了强大的查询操作能力，可以查询一个或者多个表格；对查询列进行筛选和计算；对查询进行分组、分组过滤和排序；甚至可以在一个查询中嵌套另一个查询。

二、任务需求

某销售公司正在使用一个 B2C 电子商务平台销售手机配件，随着商品的销售，库存产品类型和种类会不断发生变化，公司的客户也需要系统地管理，为了更好地经营，数据查询工作显得非常重要。在整个数据查询工作过程中，需要完成的任务如下。

（1）查询 Product 表中的所有记录。
（2）查询 Product 表中的 CatCode，去掉重复值。
（3）查询 Product 表中的 ProCode、CatCode 和 ProName 列，返回前 5 条记录。
（4）使用列的别名，查询 Product 表中 ProCode（别名为产品编号）、CatCode（别名为类别编号）和 ProName（别名为产品名称）。

（5）查询 Product 表中库存的各种商品及价值总金额。
（6）查询 Product 表中 Price 大于 100 元的产品 ProName 和 ProCode。
（7）查询 Account 中 Birthday 在 1990 年以后（不包含 1990 年）的记录。
（8）查询 Product 表中所有"飞毛腿"品牌产品的记录。
（9）查询 Account 表中姓"王"或"李"的人员的记录。
（10）查询 Account 表中 Birthday 在 1989 年的记录的 AccCode、Nick、E-mail、Address。
（11）查询 Product 表 CatCode 为 A03、A06、B02 的产品记录。
（12）查询 Product 表中 Description 为空的记录。
（13）将 Product 表中的 CatCode 为 A02 的产品数据按照 Price 由高到低顺序输出。

三、任务分析

本任务主要是进行数据库查询，数据库查询速度的提高是数据库技术发展的重要标志之一，在数据库发展过程中，数据查询曾经是一件非常困难的事情，直到使用了 T-SQL 之后，数据库的查询才变得相对简单。在数据库应用中，数据查询是通过 SELECT 语句来完成的，SELECT 语法提供了强大的操作能力，对于数据库开发人员来说，随时可以通过查询来完成。

四、知识要点

1. SELECT 语句结构

SELECT 语句能够从数据库中查询出符合用户需求的数据，并将结果以表格的形式返回，是 T-SQL 中使用最频繁的语句之一。它功能强大，所以也有较多的子句，包含主要子句的基本语法格式如下。

```
SELECT [ ALL | DISTINCT ][TOP n [ PERCENT ]] select_list
[ INTO new_table ]
FROM table_source
[ WHERE search_condition ]
[ GROUP BY group_by_expression ]
[ HAVING search_condition ]
[ ORDER BY order_expression [ ASC | DESC ] ]
[ COMPUTE {{AVG|COUNT|MAX|MIN|SUM}( 列名1)}[,…n][ BY 列名1 [,…n] ]
```

命令说明：

（1）ALL | DISTINCT：DISTINCT 关键字用于禁止在查询结果数据集中显示重复的行。ALL 关键字允许在查询结果数据集中显示查询到的全部行。默认值为 ALL。

（2）TOP n [PERCENT]：TOP n 用于在查询结果数据集中显示查询到的前 n 行数据（n 为自然数）；TOP n PERCENT 用于在查询结果数据集中显示查询到的前百分之 n 行的数据。

（3）select_list：查询所涉及的列清单。

（4）INTO new_table：将查询结果集保存到新表中。

（5）FROM table_source：查询所涉及的源表，即从中查询数据的表。

（6）WHERE search_condition：查询条件。

（7）GROUP BY group_by_expression：查询的分组汇总表达式。

（8）HAVING search_condition：分组汇总结果的筛选条件。

（9）ORDER BY order_expression [ASC | DESC]：查询结果集的排序准则。ASC 表示查询结果升序排列，DESC 表示降序排列。

（10）[COMPUTE {{AVG|COUNT|MAX|MIN|SUM}(列名 1)}[,...n][BY 列名 1 [,...n]]：用于对列进行聚合函数计算并生成汇总值，汇总的结果以附加行的形式出现。

2. WHERE 子句

WHERE 子句是对表中的行进行选择查询，即通过在 SELECT 语句中使用 WHERE 子句可以从数据表中过滤出符合 WHERE 子句指定选择条件的记录，从而实现行的查询。WHERE 子句必须紧跟在 FROM 子句之后，其基本格式如下：

```
WHERE <search_condition>
```

说明：search_condition 为查询条件，查询条件是一个逻辑表达式，其中可以包含的运算符如表 4.2.1 所示。

表 4.2.1　运算符

条件类别	运算符	说明
比较运算符	=、>、<、>=、<=、<>	表达式间的比较，包括数字、字符、日期型比较
逻辑运算符	AND、OR、NOT	对两个表达式进行与、或、非的运算
范围运算符	BETWEEN、NOT BETWEEN	搜索值是否在范围内
列表运算符	IN、NOT IN	查询值是否属于列表值之一
模糊匹配符	LIKE、NOT LIKE	字符串进行模糊匹配
空值运算符	IS NULL、IS NOT NULL	查询值是否为 NULL 等

五、任务实施

任务实施步骤如下。

1. 使用通配符"*"返回所有列值

要求：查询 Product 表中的所有记录。

```
Select *
From Product
```

程序执行过程如图 4.2.1 所示。

2. 使用 DISTINCT 关键字消除重复记录

要求：查询 Product 表中的 CatCode，去掉重复值。

程序执行效果如图 4.2.2 所示。

项目 4 数据插入、删除、修改和查询

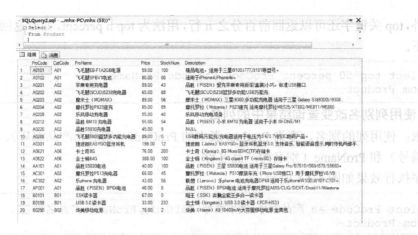

图 4.2.1 查询所有记录

```
Select distinct catcode
From Product
```

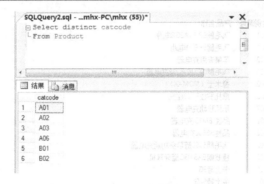

图 4.2.2 消除重复值

3. 使用 TOP n 指定返回查询结果的前 n 行记录

要求：查询 Product 表中的 ProCode、CatCode 和 ProName 列，返回前 5 条记录。
程序执行效果如图 4.2.3 所示。

```
Select top 5 ProCode,CatCode,ProName
From Product
```

图 4.2.3 指定返回记录数

另外,top 关键字还可以返回前百分之 n 行,用法为 top n percent,如要返回结果的前 50%,程序如下。

```
Select top 50 percent ProCode,CatCode,ProName
From Product
```

4. 使用列别名改变查询结果中的列名

要求:使用列的别名,查询 Product 表中的 ProCode(别名为产品编号)、CatCode(别名为类别编号)和 ProName(别名为产品名称)。

程序执行效果如图 4.2.4 所示。

```
Select ProCode as 产品编号,类别编号=CatCode,ProName 产品名称
From Product
```

图 4.2.4 改变列名

5. 使用列表达式

要求:查询 Product 表中库存的各种商品及价值总金额。

在 SELECT 子句中可以使用算术运算符对数字型数据列进行加(+)、减(~)、乘(×)、除(÷)和取模(%)运算,构造列表达式,获取经过计算的查询结果。

程序执行效果如图 4.2.5 所示。

```
Select ProName 产品名称,Price*StockNum as 总金额
From Product
```

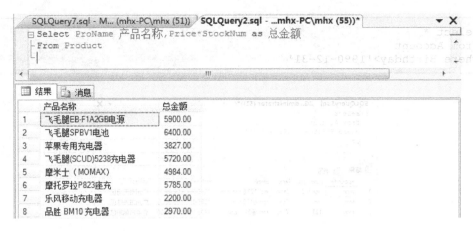

图 4.2.5 使用列表达式

6. 比较表达式作为查询条件

要求：查询 Product 表中 Price 大于 100 元的产品的 ProName 和 ProCode。

使用比较表达式作为查询条件的一般格式如下：expression 比较运算符 expression。

说明：expression 是除了 text、ntext 和 image 之外的数据类型的表达式。

比较运算符用于比较两个表达式的值，当两个表达式的值均不为空值（NULL）时，比较运算返回逻辑值 TRUE（真）或者 FALSE(假)；而当两个表达式值中有一个为空值或都为空值时，比较运算符将返回 UNKNOWN。

程序执行效果如图 4.2.6 所示。

```
select ProName,procode
from Product
where Price>100
```

图 4.2.6 使用比较表达式作为查询条件

7. 逻辑表达式作为查询条件

要求：查询 Account 中 Birthday 在 1990 年以后（不包含 1990 年）的记录。

使用逻辑表达式作为查询条件的一般格式如下：

```
Expression and expression 或 expression or expression 或 not expression
```

程序执行效果如图 4.2.7 所示。

```
select *
from Account
where Birthday>'1990-12-31'
```

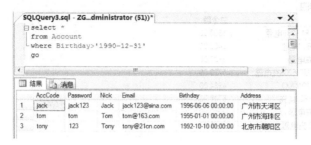

图 4.2.7　使用逻辑表达式作为查询条件

8. 模糊查询

要求：查询 Product 表中所有"飞毛腿"品牌产品的记录。

模糊查询使用了谓词 LIKE，用于指出一个字符串是否与指定的字符串相匹配，返回逻辑值 TRUE 或 FALSE。其语法格式如下：

```
String_expression [NOT] LIKE string_expression
```

在实际应用中，用户不能总给出精确的查询条件。因此，经常需要根据一些不确切的线索来搜索信息，这就是模糊查询。使用 LIKE 关键字进行模式匹配时，如果与通配符配合使用，即可进行模糊查询。SQL Server 提供了以下 4 种通配符供用户灵活实现复杂的查询条件，通配符列表及用法示例如表 4.2.2 和表 4.2.3 所示。

表 4.2.2　通配符含义

通配符	含义
_（下画线）	任何单个字符
%（百分号）	包含 0 个或多字符的任意字符串
[ ]	在指定范围（如 [a-f]或[abcdef]）内的任意单个字符
[^]	不在指定范围（如 [^a-c]或[^abc]）内的任意单个字符

表 4.2.3　通配符实例

实例	效果
LIKE 'Mc%'	将搜索以字母 Mc 开头的所有字符串（如 McBadden）
LIKE '%inger'	将搜索以字母 inger 结尾的所有字符串（如 Ringer、Stringer）
LIKE '%en%'	将搜索在任何位置包含字母 en 的所有字符串（如 Bennet、Green、McBadden）
LIKE '_heryl'	将搜索以字母 heryl 结尾的所有 6 个字母的名称（如 Cheryl、Sheryl）
LIKE '[CK]ars[eo]n'	将搜索下列字符串：Carsen、Karsen、Carson 和 Karson（如 Carson）
LIKE '[M-Z]inger'	将搜索以字符串 inger 结尾、以 M～Z 中的任何单个字母开头的所有名称（如 Ringer）
LIKE 'M[^c]%'	将搜索以字母 M 开头，并且第二个字母不是 c 的所有名称（如 MacFeather）

程序执行效果如图 4.2.8 所示。

```
select *
from Product
where ProName like '%飞毛腿%'
go
```

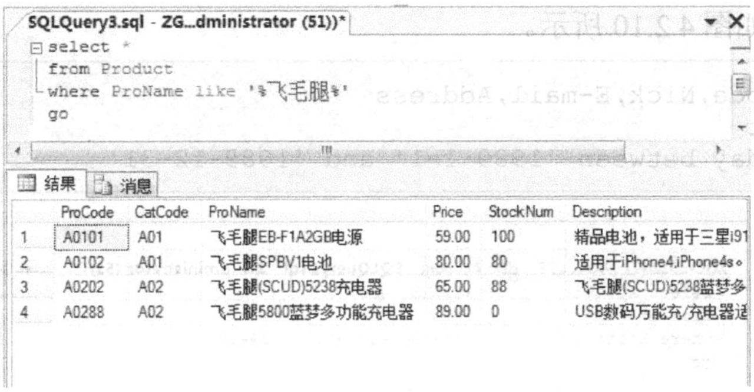

图 4.2.8　模糊查询

9. 模糊查询——单个字符匹配

要求：查询 Account 表中姓"王"或"李"的人员的记录。
程序执行效果如图 4.2.9 所示。

```
select *
from Account
where Nick like '[王李]_'
go
```

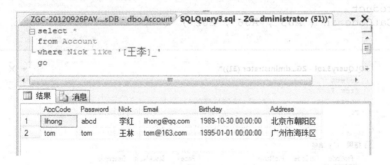

图 4.2.9　单个字符匹配

10. 范围比较

要求：查询 Account 表中 Birthday 在 1989 年的记录的 AccCode、Nick、E-mail、Address。
用于范围比较的关键字有两个：BETWEEN 和 IN。使用 BETWEEN 关键字可以方便地限制查询数据的范围；使用 IN 关键字可以指定一个值表，值表中列出所有可能的值，当与值表中的任一个值匹配时，即返回 TRUE，否则返回 FALSE。
BETWEEN 关键字的语法格式如下。

```
Expression [NOT]  BETWEEN expression1 AND expression2
```

说明：当不适用 NOT 时，若表达式 expression 的值在表达式 expression1 与 expression2 之间（包括这两个值），则返回 TRUE，否则返回 FALSE；使用 NOT 时，返回值刚好相反。

注意：expression1 的值不能大于 expression2 的值。

IN 关键字的语法格式如下。

```
Expression IN (expression [,…n])
```

程序执行效果如图 4.2.10 所示。

```
select AccCode,Nick,E-mail,Address
from Account
where Birthday between '1989-1-1' and '1989-12-31'
```

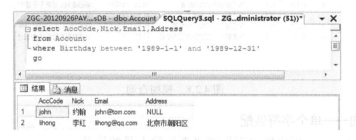

图 4.2.10　范围比较

11．范围比较——In 运算符

要求：查询 Product 表中 CatCode 为 A03、A06、B02 的产品记录。

程序执行效果如图 4.2.11 所示。

```
select *
from Product
where CatCode in ('A03','A06','B02')
go
```

图 4.2.11　范围比较——In 运算符

12．空值比较

要求：查询 Product 表中 Description 为空的记录。

当需要判定一个表达式的值是否为空值时，使用 IS NULL 关键字，格式如下。

```
Expression IS [NOT] NULL
```

说明：当不使用 NOT 时，若表达式 expression 为空值，返回 TRUE，否则返回 FALSE；当使用 NOT 时，结果刚好相反。

程序执行效果如图 4.2.12 所示。

```
select *
from Product
where Description is null
go
```

图 4.2.12　空值比较

13．ORDER BY 子句排序

要求：将 Product 表中的 CatCode 为 A02 的产品数据按照 Price 由高到低顺序输出。

在数据库应用中，经常要对查询的结果进行排序输出，如将商品按照价格由高到低排序输出。在 SELECT 语句中，使用 ORDER BY 子句对查询结果进行排序。

语法格式如下。

```
ORDER BY {order_by_expression [ASC|DESC]} [,…N]
```

说明：order_by_ expression 是排序表达式，可以是列名、表达式或一个正整数，当 order_by_ expression 是一个正整数时，表示按表中该位置上的列排序。当出现多个排序表达式时，各表达式在 ORDER BY 子句中的顺序决定了排序依据的优先级。关键字 ASC 表示升序排序，DESC 表示降序排序，系统默认值为 ASC。

程序执行效果如图 4.2.13 所示。

```
select *
from Product
where CatCode='A02'
order by Price desc
go
```

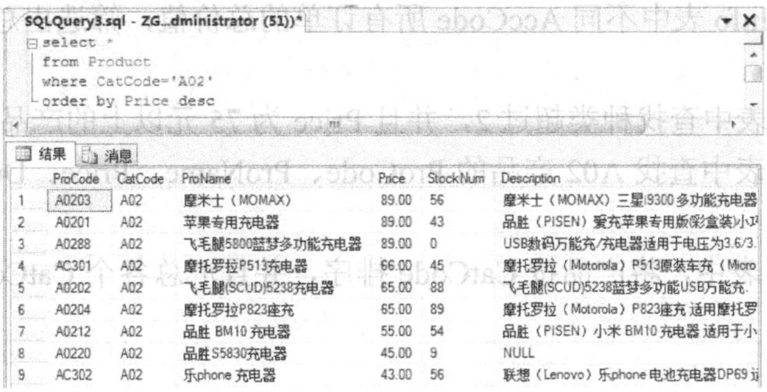

图 4.2.13　排序

六、课堂互动

（1）说明 select 语句的作用。
（2）Between 语句和比较运算符 ">=" 和 "<=" 有什么区别？
（3）说明模式匹配的作用。
（4）说明 top 关键字的用法。

任务 3　分类汇总

一、任务背景

小 Q："您给的查询任务太简单了，有难点儿的吗？"
老李："好吧，你帮我统计一下 Product 表中，每个种类的产品数量；再统计一下 LoginLog 表中每个用户的登录次数。"
小 Q："这个……，我去摸索一下，有提示吗？"
老李："这也是使用 SELECT 语句完成的，你去了解一下聚合函数和 Group By 分类汇总的方法，自然就会做了！"

二、任务需求

某销售公司正在使用一个 B2C 电子商务平台销售手机配件，随着商品的销售，库存产品的整体情况会不断发生变化，需要经常对查询结果进行分类，并且加以汇总或者计算。另外，公司的客户管理也需要有分类统计的操作，因此，分类汇总工作显得非常重要。需要完成的任务如下。

（1）在 Product 表中求所有 A02 类别商品的 Price 的平均值，列名为"平均价格"，Price 的总和命名为"价格总和"。
（2）求所有"充电器"产品中价格最高值和价格最低值。
（3）求 Product 表中 A02 类型商品的个数。
（4）求 Product 表中不同 CatCode 产品的种类。
（5）求出 OrderInfo 表中不同 AccCode 所有订单的总价值。
（6）求出 OrderInfo 表中不同 AccCode 所有订单的总价值，筛选出总价值超出 1000 元的结果。
（7）从 Product 表中查找种类超过 2，并且 Price 为 75 元以上的产品的 CatCode。
（8）从 Product 表中查找 A02 产品的 ProCode、ProName、Price、Description，并且生成一个汇总行。
（9）在 Produce 表中，将产品按 CatCode 排序，并且汇总各个 CatCode 产品种类和 Price 的平均值。

三、任务分析

分类汇总操作是建立在数据查询的基础之上的,涉及聚合函数和汇总关键字的使用,T-SQL 中提供的聚合函数主要有 5 个,即 SUM( )、AVG( )、MAX( )、MIN()、COUNT( );分组筛选使用 GROUP BY 子句;使用 HAVING 筛选结果;计算与汇总使用 COMPUTE BY 子句。

四、知识要点

1. 聚合函数

聚合函数用于计算表中的数据,返回单个的计算结果。常用的聚合函数如表 4.3.1 所示。

表 4.3.1 常用聚合函数

函 数 名	函 数 功 能
SUM([ALL | DISTINCT] expression)	返回一个数字列或计算列的总和
AVG([ALL | DISTINCT] expression)	对一个数字列或计算列求平均值
MIN(expression)	返回一个数字列或计算列的最小值
MAX(expression)	返回一个数字列或计算列的最大值
COUNT([ALL | DISTINCT] expression)	返回满足 SELECT 语句中指定条件的记录值。ALL 针对组中每行记录计算并返回非空值数目,ALL 是默认值;DISTINCT 针对组中每行记录计算列或表达式中不同的值并返回唯一非空值数目
COUNT(*)	计算符合查询限制条件的总行数

2. 分组筛选

分组时按照某一列数据的值或某个列组合的值将查询出的行分成若干组,每组在指定列或列组合上具有相同的值。分组可通过使用 GROUP BY 子句来实现。

其语法格式如下。

```
[GROUP BY group_by_expression [,…n]]
```

 说 明

　　group_by_expression 是用于分组的表达式,其中通常包含字段名。SELECT 子句的列表中只能包含在 GROUP BY 中指定的列或在聚合函数中指定的列。

3. 计算与汇总

计算与汇总指生成合计并作为附加的汇总行出现在结果集的后面。

其语法格式如下。

```
[COMPUTE {聚合函数名 (expression) } [,…n] [BY expression [,…n] ] ]
```

五、任务实施

任务实施步骤如下。
1. SUM( )函数和 AVG()函数

要求：在 Product 表中求所有 A02 类别商品的 Price 的平均值，列名为"平均价格"，Price 的总和命名为"价格总和"。

SUM()函数和 AVG()函数分别用于求表达式中所有值项的总和与平均值。其语法格式如下。

```
SUM/AVG ( [ ALL | DISTINCT ] expression )
```

说明：expression 可以是常量、列、函数或表达式，其数据类型只能是 int、smallint、tinyint、bigint、decimal、numeric、float、real、money 和 smallmoney。ALL 表示对所有值进行运算，DISTINCT 表示去除重复值，默认为 ALL。SUM/AVG()忽略为 NULL 值。

程序执行效果如图 4.3.1 所示。

```
select AVG(price)as '平均价格',SUM(price)as '价格总和'
from Product
where CatCode='A02'
go
```

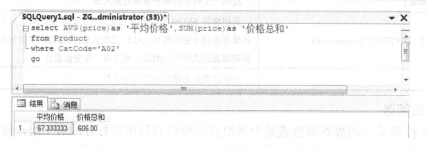

图 4.3.1 求平均值、求和

> **注意**
> 使用聚合函数作为 SELECT 的选择列时，若不为其指定列标题，则系统将对该列输出标题"无列名"。

2. MAX( )和 MIN( )函数

要求：求所有"充电器"产品中价格最高值和价格最低值。

MAX( )和 MIN( )函数分别用于求表达式中所有值项的最大值与最小值。其语法格式如下。

```
MAX/MIN ([ ALL | DISTINCT ] expression )
```

说明：expression 可以是常量、列、函数或表达式，其数据类型可以是数字、字符和日期时间。ALL 和 DISTINCT 的含义及默认值与 SUM/AVG( )函数相同。MAX/MIN( ) 函数忽略 NULL 值。

程序执行效果如图 4.3.2 所示。

```
select MAX(price)as '最高价格',MIN(price)as '最低价格'
from Product
where ProName like '%充电器%'
go
```

图 4.3.2 求最大值、最小值

3. COUNT( )函数

要求：求 Product 表中 A02 类型商品的个数。

COUNT( )函数用于统计满足条件的函数或总行数。其语法格式如下。

```
COUNT ( { [ ALL | DISTINCT ] expression } | * )
```

说明：expression 是一个表达式，其数据类型是除了 unique、identifier、text、image 和 ntext 之外的任何类型。ALL 和 DISTINCT 的含义及默认值与 SUM/AVG( )函数相同。选择"*"时将统计总行数。COUNT( )函数忽略 NULL 值。

程序执行效果如图 4.3.3 所示。

```
select COUNT(*)as '数量'
from Product
where CatCode='A02'
go
```

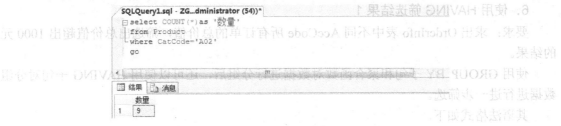

图 4.3.3 返回数量

4. 简单分组

要求：求 Product 表中不同 CatCode 产品的种类。

程序执行效果如图 4.3.4 所示。

```
select CatCode,COUNT(*)as '种类'
from Product
group by CatCode
go
```

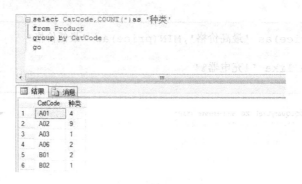

图 4.3.4　简单分组

5. 分组汇总

要求：求出 OrderInfo 表中不同 AccCode 所有订单的总价值。

程序执行效果如图 4.3.5 所示。

```
select AccCode,sum(TotalPrice)as '总价值'
from OrderInfo
group by AccCode
go
```

图 4.3.5　分组汇总

6. 使用 HAVING 筛选结果 1

要求：求出 OrderInfo 表中不同 AccCode 所有订单的总价值，筛选出总价值超出 1000 元的结果。

使用 GROUP BY 子句和聚合函数对数据进行分组后，还可以使用 HAVING 子句对分组数据进行进一步筛选。

其语法格式如下。

```
[HAVING <search_condition>]
```

说明：search_condition 为查询条件，与 WHERE 子句的查询条件类似，并且可以使用聚合函数。

程序执行效果如图 4.3.6 所示。

```
select AccCode,sum(TotalPrice)as '总价值'
from OrderInfo
group by AccCode
having SUM(TotalPrice)>1000
go
```

图 4.3.6 Having 子句筛选结果

> **注意**
> 在 SELECT 语句中,当 WHERE、GROUP BY 与 HAVING 子句同时被使用时,要注意它们的作用和执行顺序:WHERE 用于筛选由 FROM 指定的数据对象,即从 FROM 指定的基表或视图中检索满足条件的记录;GROUP BY 用于对 WHERE 的筛选结果进行分组;HAVING 用于对 GROUP BY 分组后的结果进行过滤。

7. 使用 HAVING 筛选结果 2

要求:从 Product 表中查找种类超过 2,并且 Price 为 75 元以上的产品的 CatCode。
程序执行效果如图 4.3.7 所示。

```
select CatCode
from Product
where Price>75
group by CatCode
having COUNT(*)>2
```

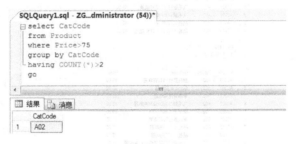

图 4.3.7 筛选结果

8. COMPUTE 小计 1

要求:从 Product 表中查找 A02 产品的 ProCode、ProName、Price、Description,并且生成一个汇总行。

程序执行效果如图 4.3.8 所示。

```
select procode,ProName,Price,Description
from Product
where CatCode='A02'
compute count(procode)
```

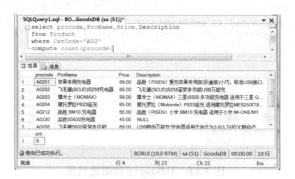

图 4.3.8 COMPUTE 小计 1

9. COMPUTE 小计 2

要求：在 Product 表中，将产品按 CatCode 排序，并且汇总各个 CatCode 产品的种类和 Price 的平均值。

程序执行效果如图 4.3.9 所示。

```sql
select procode,CatCode,ProName,Price
from Product
where CatCode in ('A01','A02')
order by CatCode
compute count(procode),avg(Price) by CatCode
go
```

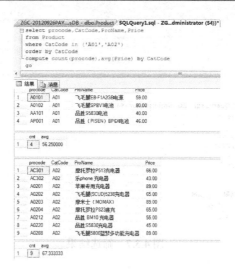

图 4.3.9 COMPUTE 小计 2

> **注意**
>
> （1）COMPUTE 或 COMPUTE BY 子句中的表达式，必须出现在选择列表中，并且必须将其指定为与选择列表中的某个表达式完全一样，不能使用在选择列表中指定的列的别名。
>
> （2）在 COMPUTE 或 COMPUTE BY 子句中，不能指定为 ntext、text、image 数据类型。

（3）如果使用 COMPUTE BY，则必须使用 ORDER BY 子句。表达式必须与在 ORDER BY 后列出的子句相同或是其子集，并且必须按相同的序列。排列例如，如果 ORDER BY 子句是 ORDER BY a，b，c，则 COMPUTE 子句可以是以下的任意一个（或全部）：

COMPUTE BY a，b，c
COMPUTE BY a，b
COMPUTE BY a

（4）在 SELECT INTO 语句中不能使用 COMPUTE。因此，任何由 COMPUTE 生成的计算结果都不会出现在用 SELECT INTO 语句创建的新表内。

六、课堂互动

（1）常用的聚合函数有哪些？
（2）group by 子句和 compute by 子句有什么区别？
（3）group by 子句使用时有哪些需要注意的地方？

任务 4　高级查询

一、任务背景

功夫不负有心人，小 Q 的努力学习有了很好的回报，这次学校数据库课程的期中考试，他的成绩排在全班第一，当然，他自己很谦虚："我是笨鸟先飞！"

系里的教务员小张也"慕名"来找小 Q 帮忙。原来小张刚接手教务管理工作，需要负责每位同学成绩通知表格的生成和发放，成绩通知表格有固定的格式，如图 4.4.1 所示，其中所需要的数据来自于学生管理系统的不同数据表格，要生成最终的成绩通知表格就需要分别从图 4.4.2 和图 4.4.3 中获取数据。

学生成绩通知表			
学号	0910410111	internet 与多媒体技术	80
姓名	柏 凯	大学计算机基础	84
班级	信息应用09101	程序设计基础（C语言）	79
性别	男	实用英语	87
籍贯	湖北	计算机数学基础	86
出生年月	1993年12月	总成绩	416
年龄	19	平均成绩	83.2
身份证号	210202199312186411	年级排名	5
联系电话	13xx2205838	不及格科数	0
时间	2012/11/14 14:52		

图 4.4.1　成绩通知表

班级	学号	姓名	性别	出生年月	籍贯	身份证号	年龄	联系电话	备注
信息应用09101	0910410101	高雪	女	1990年09月	河北	210202199009186467	22	13xx2205828	
信息应用09101	0910410102	马晓旭	男	1991年06月	辽宁	210202199106186477	21	13xx2205829	
信息应用09101	0910410103	赵静宇	女	1990年09月	黑龙江	210102199009127467	22	13xx2205830	
信息应用09101	0910410104	高番番	女	1990年09月	北京	210202199009226445	22	13xx2205831	
信息应用09101	0910410105	赵艺璇	女	1992年03月	山东	410202199203186467	20	13xx2205832	
信息应用09101	0910410106	迟明淑	女	1989年09月	河北	210202198909186467	23	13xx2205833	
信息应用09101	0910410107	吕品	女	1990年09月	山西	510202199009196467	22	13xx2205834	
信息应用09101	0910410108	马龙	女	1990年09月	辽宁	210202199009186467	22	13xx2205835	
信息应用09101	0910410109	赵瑞龙	男	1990年04月	浙江	210202199004186576	22	13xx2205836	
信息应用09101	0910410110	赵志国	男	1990年09月	安徽	610202199009186497	22	13xx2205837	
信息应用09101	0910410111	柏凯	男	1993年12月	湖北	210202199312186411	19	13xx2205838	
信息应用09101	0910410112	高健博	女	1990年09月	河北	610202199009186467	22	13xx2205839	
信息应用09101	0910410113	宋星	女	1990年09月	辽宁	210202199009186555	22	13xx2205840	
信息应用09101	0910410114	王冰	女	1990年06月	黑龙江	210202199006166222	22	13xx2205841	
信息应用09101	0910410115	谢昭辉	男	1990年09月	北京	320202199009186333	22	13xx2205842	
信息应用09101	0910410116	高科霖	女	1990年09月	山东	210202199009186121	22	13xx2205843	
信息应用09101	0910410117	张大伟	女	1990年09月	河北	210202199009186121	22	13xx2205844	
信息应用09101	0910410118	赵法勇	男	1990年09月	山西	510202199009183456	22	13xx2205845	
信息应用09101	0910410119	赵思贤	男	1990年09月	辽宁	210202199009187890	22	13xx2205846	
信息应用09101	0910410120	侯曈	女	1990年09月	浙江	510202199009183211	22	13xx2205847	
信息应用09101	0910410121	高健	男	1990年09月	安徽	210202199009189876	22	13xx2205848	
信息应用09101	0910410122	包雨	女	1990年09月	湖北	610202199009182222	22	13xx2205858	
信息应用09101	0910410123	赵武	女	1990年09月	河北	210202199009182323	22	13xx2205868	
信息应用09101	0910410124	王仁正	女	1990年09月	黑龙江	710202199009182342	22	13xx2205878	
信息应用09101	0910410125	许萌	女	1990年09月	黑龙江	210202199009186546	22	13xx2205888	

图 4.4.2　学生信息表

班级名称	学号	姓名	性别	Internet与多媒体技术	大学计算机基础	程序设计基础（C语言）	实用英语	计算机数学基础	总成绩	平均成绩	年级排名	不及格科数
信息应用09101	0910410101	高雪	女	88	89	75	85	79	416	83.2	5	0
信息应用09101	0910410102	马晓旭	男	90	88	77	76	72	403	80.6	8	0
信息应用09101	0910410103	赵静宇	女	93	59	72	82	73	379	75.8	14	1
信息应用09101	0910410104	高番番	女	73	80	78	75	71	377	75.4	15	0
信息应用09101	0910410105	赵艺璇	女	88	88	52	72	71	371	74.2	18	1
信息应用09101	0910410106	迟明淑	女	84	70	78	88	71	391	78.2	10	0
信息应用09101	0910410107	吕品	女	74	38	71	90	73	346	69.2	25	1
信息应用09101	0910410108	马龙	女	84	59	66	72	80	361	72.2	21	1
信息应用09101	0910410109	赵瑞龙	男	71	70	83	81	72	377	75.4	15	0
信息应用09101	0910410110	赵志国	男	79	85	77	79	68	388	77.6	11	0
信息应用09101	0910410111	柏凯	男	80	84	79	87	86	416	83.2	5	0
信息应用09101	0910410112	高健博	女	86	80	80	80	80	406	81.2	7	0
信息应用09101	0910410113	宋星	男	93	80	83	80	92	428	85.6	2	0
信息应用09101	0910410114	王冰	女	79	68	83	77	86	393	78.6	9	0
信息应用09101	0910410115	谢昭辉	男	78	80	78	65	73	374	74.8	17	0
信息应用09101	0910410116	高科霖	女	95	85	76	88	78	422	84.4	3	0
信息应用09101	0910410117	张大伟	女	60	55	74	63	43	295	59.0	29	2
信息应用09101	0910410118	赵法勇	男	92	85	89	61	91	418	83.6	4	0
信息应用09101	0910410119	赵思贤	男	95	92	90	88	94	459	91.8	1	0
信息应用09101	0910410120	侯曈	男	77	77	70	87	70	381	76.2	13	0
信息应用09101	0910410121	高健	男	72	78	70	86	81	387	77.4	12	0
信息应用09101	0910410122	包雨	女	70	78	72	74	71	365	73.0	20	0
信息应用09101	0910410123	赵武	女	65	56	72	77	83	353	70.6	22	1
信息应用09101	0910410124	王仁正	女	81	59	53	74	75	342	68.4	26	2
信息应用09101	0910410125	许萌	女	60	67	67	63	66	307	61.4	28	1
信息应用09101	0910410126	杨小旭	女	68	59	53	75	82	337	67.4	27	2
信息应用09101	0910410127	高松	男	67	74	51	76	79	347	69.4	24	1
信息应用09101	0910410128	侯帅	女	68	58	75	61	89	351	70.2	23	1
信息应用09101	0910410129	黄胜	女	78	63	69	85	75	370	74.0	19	0

图 4.4.3　成绩表

小 Q 也不知道如何做，于是请教老李。老李告诉小 Q，这种查询的数据源为两个或两个以上表格的查询称为多表查询，也称为连接查询。在老李的指导下，小 Q 很快通过连接查询、嵌套查询完成了任务。

二、任务需求

连接查询是关系数据库中最主要的查询方式，连接查询的目的是通过加载连接字段条件将多个表连接起来，以便从多个表中检索用户所需要的数据。具体任务如下：

（1）从 OrderItem 表和 Product 表中查询 OrderId 为 1 的订单详情，包括 OrderId、ProName、Price、Quantity，使用连接谓词完成。

（2）使用 INNER JOIN 从 OrderItem 表和 Product 表中查询 OrderId 为 1 的订单详情，包括 OrderId、ProName、Price、Quantity。

（3）使用左外连接查询表 Category 和 Product 中的产品信息。

（4）使用右外连接查询表 Product 和 Category 中的产品信息。

（5）查询所有充电器的详细信息。

（6）查询价格大于卡士奇 8G 的产品 ProCode 和 ProName。

三、任务分析

高级查询分为连接查询和子查询，在 T-SQL 语句中，连接查询有两大类表示形式：一类是符合 SQL 标准连接谓词的表示形式，在 SELECT 语句的 WHERE 子句中使用比较运算符给出连接条件对表进行连接，这种表示形式被称为连接谓词表示形式；另一类是使用关键字 JOIN 指定连接的表示形式，使表的连接运算能力得到增强。

子查询是指在 SELECT 语句的 WHERE 或 HAVING 子句中嵌套另一条 SELECT 语句。外层的 SELECT 语句称为外查询，内层的 SELECT 语句称为内查询（或子查询）。子查询必须使用括号括起来。子查询通常与 IN、EXIST 谓词及比较运算符一起使用。

四、知识要点

1. 连接查询

连接查询分为使用连接谓词连接和使用 JOIN 关键字指定连接。

使用连接谓词完成连接查询指借助 SELECT 语句的 WHERE 子句完成连接条件的比较，这种表示形式称为连接谓词连接形式。

连接谓词中的比较运算符可以是"<"、"<="、"="、">"、">="、"!="、"<>"、"!>"和"!<"。

使用 JOIN 关键字可以根据查询结果的不同将连接查询分为 5 个类型：内连接、左外连接、右外连接、完全外部连接和交叉连接。此外，可以在一个 SELECT 语句中使用一系列的连接来连接两个以上的表，也可以使用自连接把一个表和它自身相连接。

2. 嵌套查询

嵌套查询是指在一个 SELECT 语句的 WHERE 子句或 HAVING 子句中，又嵌套了另外一个 SELECT 语句的查询。嵌套查询中上层的 SELECT 语句块称为父查询或外层查询，下层的 SELECT 语句块称为子查询或内层查询。

在嵌套查询中可以包含多个子查询，即子查询中还可以再包含子查询，嵌套最多可达 32 层，查询的处理顺序是由内向外。使用时应该注意以下几点。

① 子查询需要用圆括号()括起来。

② 子查询的 SELECT 语句中不能使用 image、text 或 ntext 数据类型。

③ 子查询返回的结果值的数据类型必须匹配新增列或 WHERE 子句中的数据类型。

④ 子查询中不能使用 COMPUTE [BY]或 INTO 子句。

⑤ 在子查询中不能出现 ORDER BY 子句，ORDER BY 子句应该放在最外层的父查询中。

五、任务实施

任务实施步骤如下。

1. 连接谓词

要求：从 OrderItem 表和 Product 表中查询 OrderId 为 1 的订单详情，包括 OrderId、ProName、Price、Quantity，使用连接谓词完成。

程序执行效果如图 4.4.4 所示。

```
select orderid,proname,price,quantity
from OrderItem,Product
where OrderItem.procode=Product.ProCode and OrderId=1
```

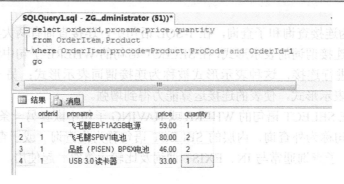

图 4.4.4　连接谓词

2. 内连接

要求：使用 INNER JOIN 从 OrderItem 表和 Product 表中查询 OrderId 为 1 的订单详情，包括 OrderId、ProName、Price、Quantity。

所谓内连接指的是返回参与连接查询的表中所有匹配的行，在 ANSI 连接形式中使用关键字 INNER JOIN 表示。

程序执行效果如图 4.4.5 所示。

```
select orderid,proname,price,quantity
  from OrderItem inner join Product on OrderItem.procode=Product.ProCode
where OrderId=1
  go
```

图 4.4.5　内连接

3．左外连接

要求：使用左连接查询表 Category 和 Product 中的产品信息。

所谓左外连接指的是返回参与连接查询的表中所有匹配的行和所有来自左表的不符合指定条件的行。在右表中对应于左表无记录的部分用 NULL 值表示。在 ANSI 连接形式中使用关键字 LEFT [OUTER] JOIN 表示，而在 SQL Server 连接形式中使用运算符“*=”表示。

程序执行效果如图 4.4.6 所示。

```
select category.catcode,catname,procode,proname,price
from category left join product on
category.catcode=product.catcode
go
```

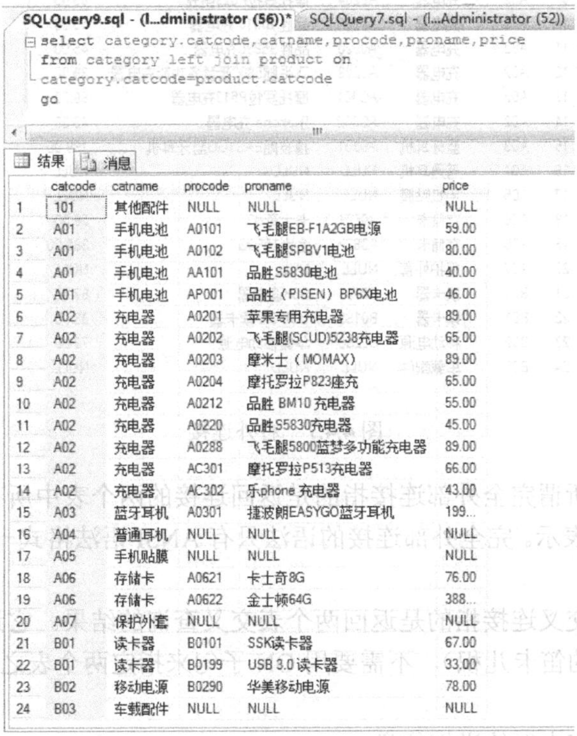

	catcode	catname	procode	proname	price
1	101	其他配件	NULL	NULL	NULL
2	A01	手机电池	A0101	飞毛腿EB-F1A2GB电源	59.00
3	A01	手机电池	A0102	飞毛腿SPBV1电池	80.00
4	A01	手机电池	AA101	品胜S5830电池	40.00
5	A01	手机电池	AP001	品胜（PISEN）BP6X电池	46.00
6	A02	充电器	A0201	苹果专用充电器	89.00
7	A02	充电器	A0202	飞毛腿(SCUD)5238充电器	65.00
8	A02	充电器	A0203	摩米士（MOMAX）	89.00
9	A02	充电器	A0204	摩托罗拉P823座充	65.00
10	A02	充电器	A0212	品胜 BM10 充电器	55.00
11	A02	充电器	A0220	品胜S5830充电器	45.00
12	A02	充电器	A0288	飞毛腿5800蓝梦多功能充电器	89.00
13	A02	充电器	AC301	摩托罗拉P513充电器	66.00
14	A02	充电器	AC302	乐phone 充电器	43.00
15	A03	蓝牙耳机	A0301	捷波朗EASYGO蓝牙耳机	199...
16	A04	普通耳机	NULL	NULL	NULL
17	A05	手机贴膜	NULL	NULL	NULL
18	A06	存储卡	A0621	卡士奇8G	76.00
19	A06	存储卡	A0622	金士顿64G	388...
20	A07	保护外套	NULL	NULL	NULL
21	B01	读卡器	B0101	SSK读卡器	67.00
22	B01	读卡器	B0199	USB 3.0 读卡器	33.00
23	B02	移动电源	B0290	华美移动电源	78.00
24	B03	车载配件	NULL	NULL	NULL

图 4.4.6　左外连接

4．右外连接

要求：使用右外连接查询表 Product 和 Category 中的产品信息。

所谓右外连接指的是返回参与连接查询的表中所有匹配的行和所有来自右表的不符合指定条件的行。在左表中对应于右表无记录的部分用 NULL 值表示。在 ANSI 连接形式中使用关键字 RIGHT [OUTER] JOIN 表示，而在 SQL Server 连接形式中使用运算符“=*”表示。

程序执行效果如图 4.4.7 所示。

```
select category.catcode,catname,procode,proname,price
from product right join category on
product.catcode=Category.CatCode
go
```

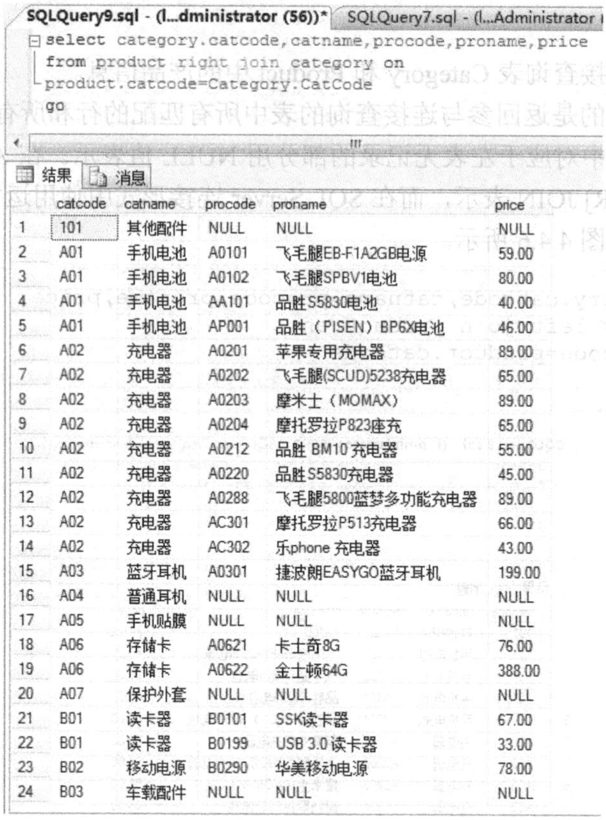
SQLQuery9.sql - (l...dministrator (56))* SQLQuery7.sql - (l...Administrator

```
select category.catcode,catname,procode,proname,price
from product right join category on
product.catcode=Category.CatCode
go
```

结果 消息

	catcode	catname	procode	proname	price
1	101	其他配件	NULL	NULL	NULL
2	A01	手机电池	A0101	飞毛腿EB-F1A2GB电源	59.00
3	A01	手机电池	A0102	飞毛腿SPBV1电池	80.00
4	A01	手机电池	AA101	品胜S5830电池	40.00
5	A01	手机电池	AP001	品胜（PISEN）BP6X电池	46.00
6	A02	充电器	A0201	苹果专用充电器	89.00
7	A02	充电器	A0202	飞毛腿(SCUD)5238充电器	65.00
8	A02	充电器	A0203	摩米士（MOMAX）	89.00
9	A02	充电器	A0204	摩托罗拉P823座充	65.00
10	A02	充电器	A0212	品胜 BM10 充电器	55.00
11	A02	充电器	A0220	品胜S5830充电器	45.00
12	A02	充电器	A0288	飞毛腿5800蓝梦多功能充电器	89.00
13	A02	充电器	AC301	摩托罗拉P513充电器	66.00
14	A02	充电器	AC302	乐phone 充电器	43.00
15	A03	蓝牙耳机	A0301	捷波朗EASYGO蓝牙耳机	199.00
16	A04	普通耳机	NULL	NULL	NULL
17	A05	手机贴膜	NULL	NULL	NULL
18	A06	存储卡	A0621	卡士奇8G	76.00
19	A06	存储卡	A0622	金士顿64G	388.00
20	A07	保护外套	NULL	NULL	NULL
21	B01	读卡器	B0101	SSK读卡器	67.00
22	B01	读卡器	B0199	USB 3.0 读卡器	33.00
23	B02	移动电源	B0290	华美移动电源	78.00
24	B03	车载配件	NULL	NULL	NULL

图 4.4.7　右外连接

完全外部连接：所谓完全外部连接指的是返回连接的两个表中所有相应记录，无对应记录的部分用 NULL 值表示。完全外部连接的语法只有 ANSI 语法格式一种，使用关键字 FULL [OUTER] JOIN 表示。

交叉连接：所谓交叉连接指的是返回两个表交叉查询的结果。它返回两个表连接后的所有行（即返回两个表的笛卡儿积），不需要用 ON 子句来指定两个表之间任何连接的列。

5. IN 子查询

要求：查询所有充电器的详细信息。

IN 子查询用于进行一个给定值是否在子查询结果集中的判断。

程序执行效果如图 4.4.8 所示。

```
select * from Product
where CatCode in
(select CatCode
from Category
where CatName='充电器')
go
```

6. 比较子查询

要求：查询价格大于“卡士奇 8G”的产品的 ProCode 和 ProName。

比较查询可以认为是 IN 子查询的扩展，它使表达式的值与子查询的结果进行比较运算。

项目 4 数据插入、删除、修改和查询

图 4.4.8 IN 子查询

程序效果如图 4.4.9 所示。

```
select procode,proname
from Product
where price>(
select price
from Product
where proname='卡士奇 8G')
go
```

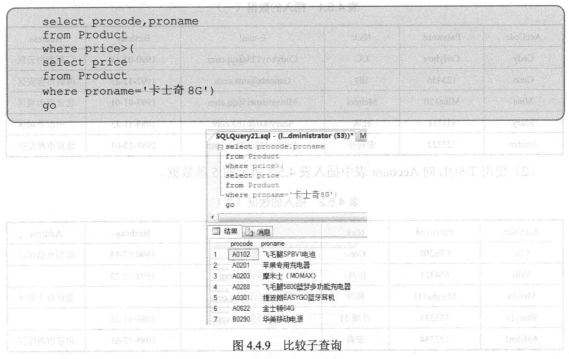

图 4.4.9 比较子查询

连接查询和子查询可能都会涉及两个或多个表，要注意连接查询和子查询的区别：连接查询可以合并两个或多个表中的数据，而带子查询的 SELECT 语句的结果只能来自一个表，子查询的结果是用来作为选择结果数据进行参照的。

有的查询既可以使用子查询来表达，也可以使用连接查询来表达。通常，使用子查询表示时可以将一个复杂的查询分解为一系列的逻辑步骤，条例清晰；而使用连接查询表示具有执行速度快的优点。因此，应尽量使用连接查询。

六、课堂互动

（1）比较连接查询和嵌套查询的异同。
（2）说明连接谓词和 JOIN 关键字的作用和用法。
（3）说明嵌套查询中 IN 子查询和比较子查询的用法。

拓展实训 4-1　插入数据、修改数据、删除数据

【实训目的】
使用查询语句对数据表进行数据的插入、修改、删除操作。
【实训内容】
（1）使用 SQL Server 管理平台向 Account 表中插入表 4.5.1 所示的 5 条数据。

表 4.5.1　插入的数据（一）

AccCode	Password	Nick	E-mail	Birthday	Address
Cody	Codyboy	CC	Codyboy123@qq.com	1990-02-14	广州市白云区
Geno	123456	BB	Genobb@sina.com	1992-12-23	深圳市宝安区
Mina	Mina120	Meimei	Minamiemei@qq.com	1993-01-01	北京市西城区
Shary	111111	社瑞	Shary007@163.com	1989-11-23	广州市黄埔区
Anlifen	222222	安莉芬	Anlifen112@21cn.com	1988-12-01	北京市海淀区

（2）使用 T-SQL 向 Account 表中插入表 4.5.2 所示的 5 条数据。

表 4.5.2　插入的数据（二）

AccCode	Password	Nick	E-mail	Birthday	Address
Clis	Clis208	Coco		1990-07-14	深圳市盐田区
Yalis	654321	BoBo	yalis@sina.com	1992-12-23	
Meisha	Meisha111	梅沙	Meisha111@qq.com		北京市大兴区
Shary11	333333	社瑞 11	Shary11@163.com	1989-11-23	
Anlifen1	122334	安莉		1988-12-01	北京市海淀区

（3）把 Account 表中所有 Address 为广州地区的数据插入到新表 GZ_address 中。
（4）修改表 Account 中的数据，将 Address 字段为空的数据改为"广州市天河区"。
（5）删除新表 GZ_address 中 Address 为"广州市白云区"的记录。
【训练要点】
（1）使用管理工具调用相应表格直接添加数据即可完成。
（2）使用查询语句"insert…into"语句完成，如：

```
Insert into Account
Values (……)
```

（3）从表格 4.5.1 中查询出符合条件要求的数据并插入到新表 GZ-address 中，提示：

```
Select ……
into GZ_address
From Account
Where ……
```

（4）使用 Update…set 命令完成，使用 Where 语句进行条件筛选，提示：

```
Update Account
Set ……
Where……
```

（5）使用 Delete 删除数据，使用 Where 进行条件筛选。

拓展实训 4-2　简单查询

【实训目的】

掌握 SELECT 语句的基本语法；掌握使用 SELECT 语句完成简单查询各种子句的作用和方法。

【实训内容】

分别使用查询语句完成以下操作。

（1）查询 Product 表中所有 CatCode 为 A02 的产品，列出结果的前 5 条。

（2）查询 Product 表中前三个列的数据，分别命名为商品编号、类型编号、产品名称。

（3）查询 Product 表中所有价格大于 80 元的飞毛腿品牌的商品记录。

（4）查询 StockNum 大于 50 的商品，并且按照 Price 升序排列查询的结果。

（5）查询 Product 表中 CatCode 为 A02 的商品的 ProCode、ProName、StockNum 和总金额（Price 和 StockNum 的乘积）。

【训练要点】

使用查询语句实现提示如下。

（1）使用 select 语句完成，使用 where 子句进行筛选，使用 top 子句列出结果。

```
Select……top n
From product
Where……
```

（2）使用 select 语句完成，使用 as 或者 "=" 定义新列名。

（3）使用 select 语句完成，使用 where 子句进行筛选，并且配合 like 子句进行模糊查询。

```
Select……
From product
Where ……and
(… like…)
```

（4）使用 select 语句完成，使用 where 子句进行筛选，最后使用 order by 子句进行排序。

（5）使用 select 语句完成，使用运算符 "*" 计算出总金额。

拓展实训 4-3　分类汇总

【实训目的】

掌握聚合函数的作用和使用方法；掌握 SELECT 语句中 GROUP BY、HAVING、COMPUTE、COMPUTE BY 等子句的作用和使用方法；掌握数据汇总的方法。

【实训内容】

分别使用查询语句完成以下操作。

（1）查询 Product 表中所有"A02"产品库存量 StockNum 的总和、Price 的平均值。

（2）求 Product 表中不同 CatCode 产品的种类，列出产品数量大于 3 的种类。

（3）从 Product 表中查找种类超过 3，并且 Price 不小于 50 元的产品的 CatCode。

（4）在 Product 表中对于 StockNum 大于 50 的商品，列出不同 CatCode 的产品的种类。

【训练要点】

使用查询语句实现提示如下。

（1）使用聚合函数中的 sum() 和 avg() 函数完成，语句提示如下：

```
Select sum(…),avg(…)
From product
Where……
```

（2）使用 group by 子句进行分类汇总，使用 having 子句对分类的结果进行筛选，语句提示如下：

```
Select catcode, count(*)
From product
Group by ……
Having……
```

（3）使用 group by 子句进行分类汇总，使用 where 子句作为分类前的筛选条件，使用 having 子句对分类的结果进行筛选，语句提示如下：

```
Select catcode, count(*)
From product
Where …….
Group by……
Having ……
```

（4）用 group by 子句进行分类汇总，where 作为分类汇总前的筛选条件，语句提示如下：

```
Select catcode, count(*)
From product
Where …….
Group by……
```

拓展实训 4-4　高级查询

【实训目的】

掌握连接查询的使用，掌握连接谓词、JOIN 关键字的用法；掌握嵌套查询的使用，掌握 IN 子查询和比较子查询的用法；掌握多表连接查询和联合查询的表示。

【实训内容】

分别使用查询语句完成以下操作。

（1）从 OrderItem 表和 Product 表中查询 OrderId 为 2 的订单详情，包括 OrderId、ProName、Price、Quantity，使用连接谓词完成。

（2）从 OrderItem 表和 Product 表中查询 OrderId 为 2 的订单详情，包括 OrderId、ProName、Price、Quantity，使用 JOIN ON 关键字完成。

（3）查询所有价格大于 50 元的手机电池的详细信息。

（4）查询价格大于"苹果专用充电器"的产品的 ProCode 和 ProName。

【训练要点】

使用查询语句实现提示如下：

（1）使用连接查询，利用连接谓词完成，语句提示如下：

```
Select……
From OrderItem,, Product
Where OrderId="2"and ……
```

（2）使用连接查询，利用 JOIN ON 关键字完成，语句提示如下：

```
Select……
From OrderItem Join Product on（……）
Where……
```

（3）使用嵌套查询，利用 IN 子查询。
（4）使用嵌套查询，利用比较子查询。

本项目主要介绍了如何利用 SELECT 语句对数据库进行各种查询的方法。用户通过 SELECT 语句可以从数据库中查找所需要的数据，也可以进行数据的统计汇总并将结果返回给用户。本项目的内容是本课程教学的重点，需要掌握的主要内容如下。

（1）简单查询：包括用 SELECT 子句选取字段，用 WHERE 子句选取记录并进行简单的条件查询，用 ORDER BY 子句对查询结果进行排序。

（2）分类汇总：包括 5 个聚合函数（SUM()、AVG()、MAX()、MIN()和 COUNT()）的使用，用 GROUP BY 子句和 HAVING 子句进行分组筛选，用 COMPUTE 子句和聚合函数进行汇总、计算。

（3）连接查询：包括连接谓词形式的连接查询和用 JOIN 关键字指定的连接查询。连接谓词形式的连接查询是在 SELECT 语句的 WHERE 子句中使用比较运算符给出连接条件并对表进行连接；JOIN 关键字指定的连接查询包括内连接、外连接和交叉连接。要求重点掌握连接谓词形式的连接查询和内连接。

（4）子查询：包括 IN 子查询和比较子查询。

IN 子查询用于进行一个给定值是否在子查询结果集中的判断，IN 和 NOT IN 子查询只能返回一列数据。对于较复杂的查询，可以使用嵌套的子查询。

比较子查询可以认为是 IN 子查询的扩展，它使表达式的值与子查询的结果进行比较运算。其中，语法格式中的 ALL 指定表达式要与子查询结果集中的每个值进行比较，当表达式与每个值都满足比较的关系时，才返回 TRUE，否则返回 FALSE；SOME 或 ANY 表示表达式只要与子查询结果集中的某个值满足比较的关系时，就返回 TRUE，否则返回 FALSE。

（5）查询结果的保存：使用 INTO 子句可以将 SELECT 查询所得的结果保存到一个新建的表中，使用 UNION 子句可以将两个或多个 SELECT 查询的结果合并成一个结果集。

一、选择题

1. 在 SQL 中，"总学分 BETWEEN 40 AND 60"语句表示总学分为 40~60，且（　　）。
   A．包括 40 和 60　　　　　　　　B．不包括 40 和 60
   C．包括 40 但是不包括 60　　　　D．包括 60 但是不包括 40

2. 在 SQL 中，对分组后的数据进行筛选的命令是（　　）。
   A．GROUP BY　　　　　　　　　B．COMPUTE
   C．HAVING　　　　　　　　　　D．WHERE

3. 查找 LIKE'_a%'，下面（　　）是可能的。
   A．afgh　　　B．bak　　　C．hha　　　D．ddajk

4. 下面的聚合函数使用正确的是（　　）。
   A．SUM(*)　　B．MAX(*)　　C．COUNT(*)　　D．AVG(*)

5. 下列执行数据的删除语句在运行时不会产生错误信息的选项是（　　）。
   A．Delete * From A Where B = '6'　　B．Delete From A Where B = '6'
   C．Delete A Where B = '6'　　　　　　D．Delete A Set B = '6'

6. 删除数据库中表的命令是（　　）。
   A．delete table　　　　　　　　B．delete from table
   C．drop table　　　　　　　　　D．drop from table

7. HAVING 子句中应后跟（　　）。
   A．行条件表达式　　　　　　　B．组条件表达式
   C．视图序列　　　　　　　　　D．列名序列

8. SQL 中，下列涉及空值的操作，不正确的是（　　）。
   A．AGE IS NULL　　　　　　　B．AGE IS NOT NULL
   C．AGE=NULL　　　　　　　　D．NOT（AGE IS NULL）

9. 查询员工工资信息时，结果按工资降序排列，正确的是（　　）。
   A．ORDER BY 工资　　　　　　B．ORDER BY 工资 DESC

C. ORDER BY 工资 ASC　　　　D. ORDER BY 工资 DICTINCT

10. 当关系 R 和 S 自然连接时，能够把 R 和 S 应该舍弃的元组放到结果关系中的操作是（　　）。

　　A. 左外连接　　B. 右外连接　　C. 内连接　　D. 外连接

二、填空题

1. 在 SELECT 查询语句中：

_____子句用于创建一个新表，并将查询结果保存到这个新表中；

_____子句用于之处所要进行查询的数据来源，即表或视图的名称；

_____子句用于对查询结果进行排序。

2. 在 SQL Server 中计算最大、最小、平均、求和与计数的聚合函数分别是_____、_____、_____、_____和_____。

3. JOIN 关键字指定的连接有 3 种类型，分别是_____、_____和_____。

三、简答题

1. 简述 SELECT 语句的各个子句的作用。
2. 数据检索时使用 COMPUTE 和 COMPUTE BY 子句产生的效果有何不同？

项目 5

数据库高级管理

技能目标及知识目标

- 掌握视图的概念及其分类;
- 掌握创建、修改、删除和使用视图的方法;
- 熟悉 T-SQL 的语法,包括标识符、数据类型、常量、变量、运算符、函数等;
- 了解存储过程的概念、分类和作用;
- 掌握创建、修改、删除存储过程的方法;
- 掌握存储过程中输入参数和输出参数的使用方法;
- 了解触发器的工作原理;
- 掌握触发器的创建、删除方法。

项目导引

前面几个项目中,我们学习了在 SQL Server 中建立数据库和数据表、表数据的插入、删除、修改、数据查询、分组汇总等,这些都是 SQL Server 最基础、最广泛的应用,如果要建立一些小型的应用程序,那么这些知识已经够用了。当然,如果到专业的软件公司,参与中大型软件项目的开发,那么这些知识还远远不够,本项目就来学习视图、存储过程、触发器等数据库高级应用技术。

任务 1 视图的创建与应用

一、任务背景

在前一任务中,小 Q 在老李的帮助下完成了教务员的工作——从多个表中查询数据生成成绩单,但心里仍有不少疑问,于是他找到老李。

小 Q 问:"我们在设计数据表时,更多考虑的是数据冗余、更新异常的情况,我们使用范式去规范化数据表的设计,可这个'范式'也太不厚道了!"

老李笑笑说:"范式让我们设计出良好结构的数据库,怎么不厚道了?"

小 Q 说:"数据库设计规范化的过程,其实就是表的不断分解的过程,这就导致出现很多数据报表,总要从多个表中取数据,这也太麻烦了,比如我想打开 OrderItem 表看看产品的订单情况,看到的是产品代码而不是直观的名称,必须关联 Product 表才可以。"

老李说:"从这个角度看,你说的话有一定道理,满足高范式的数据表,目的是使计算机存储方便，而不是为了用户查看方便。不过方法总是比困难多，其实可以设计一些专门给我们看的'表'……"

小 Q："你的办法总是很多，别卖关子了，快告诉我吧！"

老李："用来存储数据的表是物理表，我们可以在物理表的基础上建立虚拟的表，这些虚拟表称为'视图'，使用视图就可以满足你的要求了。"

小 Q："太好了，我去学习一下视图的知识。"

二、任务需求

在 GoodsDB 数据库中建立视图，应用视图进行查询、更新操作。

（1）建立视图 V_Acc_birthday，视图返回本月过生日的客户昵称、E-mail 地址和出生年月。

（2）建立视图 V_Product，视图包含商品编号、商品名称、分类名称、商品单价。

（3）应用上面的视图，将所有分类名称为"手机电池"，且价格高于 50 元的商品价格打 95 折（即新价格为原来价格的 95%）。

（4）建立视图 V_Order_Product，视图包含商品名称、销售数量、用户账号、用户地址、订单时间。

（5）应用上面的视图，查询 2012 年 9 月份销售的商品名称、数量、订单时间、用户账号、用户地址。

三、任务分析

视图在使用时如同真实的表一样，也包含了记录和字段。视图和表不同之处在于，视图是一个根据需求而重新组织的虚拟表，视图的数据可以来自一个表或者多个表，在上面的任务中，视图 V_Acc_birthday 的数据来源于一个表，而视图 V_Order_Product 的数据来源于三个表。视图中的数据可查询，也可以更新，但通过视图更新数据，所更新的数据只能在同一个表中。

视图是虚拟表，是从一个或者多个表或视图中导出的表，其结构和数据是建立在对表的查询基础上的，所以更合适的理解是"视图是存储在 SQL Server 中的查询"，在 Access 数据库中，就是用"查询"来表达"视图"的概念的。

四、知识要点

1. 视图概述

视图是虚拟表，其内容由查询定义。同真实表一样，视图包含一系列带有名称的列和行数据，视图并不真正存储数据，数据会引用视图时动态生成。

视图分为 3 种：标准视图、索引视图、分区视图。

使用视图的优点和作用如下。

（1）视图可以使用户只关心其感兴趣的某些特定数据和负责的特定任务，而那些不需要的或者无用的数据不在视图中显示。

（2）视图大大地简化了用户对数据的操作。

（3）视图可以让不同的用户以不同的方式看到不同或者相同的数据集。

（4）在某些情况下，由于表中数据量太大，因此在表的设计中常将表进行水平或者垂直分割，但表结构的变化会对应用程序产生不良的影响。而使用视图可以重新组织数据，从而使外模式保持不变，原有的应用程序仍可以通过视图来重载数据。

（5）视图提供了一个简单而有效的安全机制。

2．创建视图

SQL Server 2014 提供了两种创建视图的方法：使用 SSMS 和 T-SQL 语句。

1）利用 SSMS 创建视图

利用 SSMS 创建视图的具体操作步骤如下。

（1）在 SSMS 中，展开指定的服务器，打开 GoodsDB 数据库，右击"视图"图标，从弹出的快捷菜单中选择"新建视图"选项，在弹出的"添加表"对话框中选择表，按"Ctrl"键可以多选，如图 5.1.1 所示。

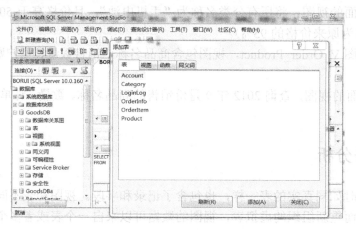

图 5.1.1　添加表

（2）这里选择"Category"表和"Product"表，就会进入如图 5.1.2 所示界面，注意观察两个表之间的连线 ，因为两个表已经设置好外键关系，所以当设计视图时，表关系已经自动建立。 指向主键表，另一侧指向外键表。

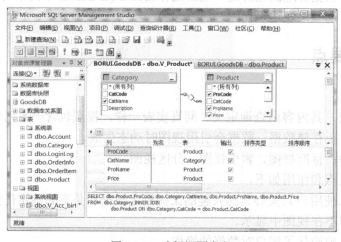

图 5.1.2　选择视图字段

（3）选择要显示的字段，观察所生成的 Select 语句，保存该视图为 V_Product，该视图就会被添加到对象资源管理器中。

（4）视图建立完成后，可以在对象资源管理器中看到，也可右击视图，在弹出的快捷菜单中选择"选择前 1000 行"选项，以打开该视图，如图 5.1.3 所示。

图 5.1.3 打开视图

2）使用 SQL 命令创建视图

使用 T-SQL 语句中的 CREATE VIEW 可创建视图，其语法格式简化如下。

```
CREATE VIEW [schema_name.] view_name [(column [,...n])]
AS
select_statement
```

可以看出，创建视图的关键是 Select 语句，如上面使用 SSMS 创建的视图也可以使用下面的语句完成，执行情况如图 5.1.4 所示。

```
Create View V_Product
as
SELECT ProCode,Category.CatName,ProName,Price
FROM  Category INNER JOIN
Product ON Category.CatCode = Product.CatCode
```

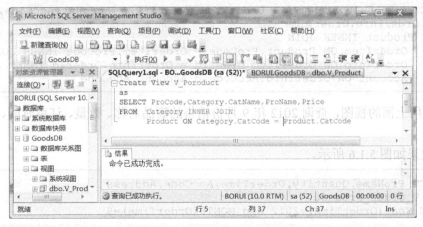

图 5.1.4 使用 T-SQL 创建视图

五、任务实施

从上面的分析可以看到，使用 SSMS 为创建视图提供了非常好的可视化方式，下面主要通过 SQL 语句来完成本任务。

（1）建立视图 V_Acc_birthday，视图返回本月过生日的客户昵称、E-mail 地址和出生年月。

```
CREATE VIEW V_Acc_birthday
as
select Nick,E-mail,Birthday from Account
where MONTH(birthday)=MONTH(getdate())
```

（2）建立视图 V_Product，视图包含商品编号、商品名称、分类名称、商品单价。
在上面的知识要点介绍中，也实现过该视图，下面是另一种实现方法。

```
Create View V_Product
as
SELECT ProCode,Category.CatName,ProName,Price
FROM  Category,Product
WHERE Category.CatCode = Product.CatCode
```

（3）应用上面的视图，将所有分类名称为"手机电池"，且价格高于 50 元的商品价格打 95 折（即新价格为原来价格的 95%）。

```
UPDATE V_Product SET Price=Price*0.95
WHERE CatName='手机电池' and Price>50
```

（4）建立视图 V_Order_Product，视图包含商品名称、销售数量、用户账号、用户地址、订单时间。

分析：该视图涉及 4 个表，商品名称在 Product 表中，销售数量在 OrderItem 表中，用户账号和用户地址在 Account 表中，订单时间在 OrderInfo 中。

这个创建视图的语句比较复杂，可以先使用管理器创建，然后将管理器生成的 Select 语句复制出来，如图 5.1.5 所示。

```
CREATE VIEW v_Order_Product
AS
SELECT   Product.ProName,   OrderItem.Quantity,   Account.AccCode,Account.Address, OrderInfo.OrderTime
FROM  Product INNER JOIN
      OrderItem ON Product.ProCode = OrderItem.ProCode INNER JOIN
      OrderInfo ON OrderItem.OrderId = OrderInfo.OrderId INNER JOIN
      Account ON OrderInfo.AccCode = Account.AccCode
```

（5）应用上面的视图，查询 2012 年 9 月份销售的商品名称、数量、订单时间、用户账号、用户地址。

执行效果如图 5.1.6 所示。

```
SELECT ProName,Quantity,OrderTime,AccCode,Address
FROM V_Order_Product
WHERE Year(OrderTime)=2012 and MONTH(OrderTime)=9
```

项目 5　数据库高级管理

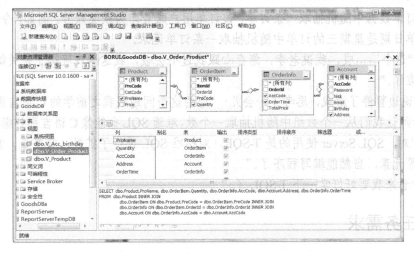

图 5.1.5　建立视图 V_Order_Product

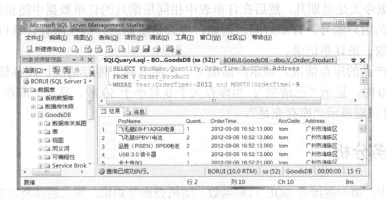

图 5.1.6　执行效果

六、课堂互动

（1）视图对数据安全性有什么正面作用？
（2）如果视图的数据来源于两个表，能使用 Update 语句通过视图同时更新两个表吗？
（3）视图能引用同一数据库中已有的视图吗？

任务 2　T-SQL 编程

一、任务背景

老李看到小 Q 开心地边哼着歌边玩着游戏，就说："心情不错哦，我来考考你的数据库知识吧。"

小 Q："尽管放马过来，我都要当上数据库的老师了，实训课不少同学来找我帮忙调试代码呢。"

老李对小 Q 说："那好吧，你帮我做一个抽奖的程序，根据今天是星期几，然后在订单表中相同星期的订单数据中随机抽取一条订单，该订单用户账号即为获奖账号。例如，今天是星期三，则在所有订单日期是星期三的订单中随机抽取一条订单记录。"

小 Q："这个……哎，我说老李，您存心跟我过不去哦，我这游戏玩得正是关键时候，你这个问题也太难了。"

小 Q 边说边暂停了游戏，思考了一会儿："您的这个问题跟我之前学的 C 语言遇到的题目很相似，当时老师让我们从一个数组中随机抽取一个数，难道 SQL 也能像 C 语言那样编写程序吗？"

老李："对，SQL Server 使用的是 T-SQL，对标准 SQL 进行了扩展，有变量、常量、函数、流控制语句等元素，当然能编写程序了。"

小 Q："看来我要好好学一下 T-SQL 了。"

二、任务需求

使用 T-SQL 语句实现以下需求。

（1）请根据今天是星期几，然后在订单表中相同星期几的订单数据中随机抽取一条订单，返回该条订单的用户账号、订单时间。例如，今天是星期三，则在所有订单日期是星期三的订单中随机抽取一条订单记录。

（2）查询产品的库存情况，显示产品编号、产品名称、库存情况。库存情况显示规则如下：当库存为 0 时，显示"已清空"；当库存大于 0 且小于 50 时，显示"库存不足"；当库存大于等于 50 时，则显示"库存充足"。

三、任务分析

上述任务中，第一题涉及 SQL 日期函数、随机查询等知识，第二题涉及控制语句等知识。查询 1 条记录可以使用 "SELECT TOP 1" 的写法，随机查询 1 条记录可以借助 "Newid()" 函数。只要学习并掌握 T-SQL 的语法，配合一定的程序设计基础就能顺利完成任务。

四、知识要点

在项目 2 中，已经简单介绍过 T-SQL，在本项目中将进一步深入学习 T-SQL 的基本语法、函数、流控制语句等知识。

1. T-SQL 基本语法

1）标识符

数据库对象的名称即为其标识符。SQL Server 中的所有内容都可以有标识符。服务器、数据库和数据库对象（如表、视图、列、约束及规则等）都可以有标识符。标识符有以下两类。

（1）常规标识符：常规标识符要求符合标识符的格式规则，即满足如下要求。

第一个字符是字母 a~z 和 A~Z、下画线（_）、符号@或者数字符号#；后续字符可以是字母 a~z 和 A~Z、下画线(_)、符号@、数字符号#或者十进制数字 0~9 之一；不能是 T-SQL 的保留字、不允许有空格和其他特殊字符。

在 SQL Server 中，某些位于标识符开头位置的符号具有特殊意义。以 "@" 开头的常规标识符始终表示局部变量或参数,并且不能用作任何其他类型的对象的名称。以"#"开头的标识符表示临时表或过程。以"##"开头的标识符表示全局临时对象。

全局变量以两个"@@"开头。为了避免与这些函数混淆,不应使用以"@@"开头的名称。

例如,vProduct, _abc, @abc, _123 都是符合规则的标识符。

(2) 分隔标识符:如果标识符名称不符合规则,必须对这些标识符使用方括号或者双引号进行分隔。如表名称 Student Table 中含有空格字符是不符合标识符规则的,但使用方括号分隔[Student Table] 或者双引号分隔"Student Table"就是允许的。

当然,实际应用中,为了避免误解,最好使用符合规则的常规标识符。

2) 数据类型

数据类型与项目 3 中介绍的表数据类型是一致的。

3) 变量

与其他程序设计语言一样,T-SQL 也有变量的概念。T-SQL 局部变量是可以保存单个特定类型数据值的对象。变量的作用如下。

(1) 作为计数器计算循环执行的次数或控制循环执行的次数。
(2) 保存数据值以供控制流语句测试。
(3) 保存存储过程返回代码要返回的数据值或函数返回值。

变量通过 DECLARE 语句进行声明,在声明变量时,要指定变量名称,名称的第一个字符必须为一个@;指定系统提供的或用户定义的数据类型和长度,声明变量时,其初始化为 NULL 值。

若要声明多个局部变量,请在定义的第一个局部变量后使用一个逗号,然后指定下一个局部变量名称和数据类型。例如:

```
DECLARE @Num int;
DECLARE @UserName varchar(10), @UserPassword varchar(30), @UserAge int;
```

第一次声明变量时,其值设置为 NULL。若要为变量赋值,请使用 SET 语句。这是为变量赋值的首选方法。也可以通过使用 SELECT 语句的选择列表中的当前引用值为变量赋值。

```
SET @NUM=10;
SET @UserName='Tony';
SELECT @UserAge=20;
SELECT @Num=StockNum FROM Product ORDER BY StockNum DESC;
```

全局变量以"@@"开始,由 SQL Server 系统提供,用以保存系统当前状态信息,用户可以使用,但不能创建和修改,如 @@error。

4) 常量

常量是表示特定数据值的符号。常量的格式取决于它所表示的值的数据类型。例如,'abc',100, '04/12/2013'。

5) 运算符和表达式

运算符是一些符号,它们能够用来执行算术运算、字符串连接、赋值以及在字段常量和变量之间进行比较。在 SQL Server 中,运算符主要有以下六大类:算术运算符、赋值运算符、位运算符、比较运算符、逻辑运算符以及字符串串联运算符。

（1）算术运算符：可在两个表达式上执行数学运算，两个表达式可以是数字数据类型分类的任意类型，包括+、-、*、/和取模(%)。

（2）赋值运算符：T-SQL 中的运算符=，=还可以在列标题和为列定义值的表达式之间建立关系。

（3）位运算符：在整型数据或者二进制数据（image 类型除外）之间执行位操作。

（4）比较运算符：比较两个表达式的大小是否相同，其比较的结果是布尔值，即 true（表达式结果为真）、false、unknown。

> **注意**
>
> text、ntext、image 数据类型不可用。

（5）逻辑运算符：可把多个逻辑表达式连接起来，包括 AND、OR 和 NOT 等运算符，返回带有 true、false 的布尔值。

（6）字符串串联运算符：用"+"进行字符串串联。

运算符的优先级从高到低排列如下。

（1）括号：()。

（2）乘、除、求模运算符：*、/、%。

（3）加减运算符：+、-。

（4）比较运算符：=、>、<、>=、<=、<>、!=、!>、!<。

（5）位运算符：^、&、|。

（6）逻辑运算符：NOT。

（7）逻辑运算符：AND。

（8）逻辑运算符：OR。

表达式符号是运算符的一种组合，SQL Server 数据库引擎将处理该组合以获得单个数据值。简单表达式可以是一个常量、变量、列或标量函数。可以用运算符将两个或更多的简单表达式连接起来组成复杂表达式。

2．函数

在 T-SQL 中，函数被用来执行一些特殊的运算以支持 SQL Server 的标准命令。T-SQL 编程语言提供了多种系统函数，用户也可以自定义函数。

1）聚合函数

聚合函数用于对一组值进行计算并返回一个单一的值，经常与 select 语句中的 group by 子句配合使用。聚合函数共有 5 个，如表 5.2.1 所示，在项目 4 中已经通过实例了解了聚合函数，在此不再举例。

表 5.2.1　聚合函数

名　称	功　　能
Count	返回组中项目的数量
Avg	返回组中的平均值，NULL 值将被忽略
Max	返回表达式的最大值，忽略 NULL 值
Min	返回表达式的最小值，忽略 NULL 值
Sum	返回表达式所有值的和，或只返回 distinct 值，只能用于数字列，NULL 值将被忽略

2）字符串函数

字符串函数可对字符串和表达式执行不同的运算，大多数字符串函数只能用于 char 和 varchar 数据类型，以及明确转换成 char 和 varchar 的数据类型，少数字符串函数也可以用于 binary 和 varbinary 数据类型。常用字符串函数如表 5.2.2 所示。

表 5.2.2　字符串函数

函 数 名	功　　能	举　　例
CharIndex	用来寻找一个指定的字符串在另一个字符串中的位置	Select charindex('phei','www.phei.com',1) 返回：5
Len	返回传递给它的字符串长度	select LEN('电子工业出版社') 返回：7
Upper	把传递给它的字符串转换为大写	select UPPER('sql server') 返回：SQL Server
Ltrim	清除字符左边的空格	select LTRIM(' sql server ') 返回：sql server （中间和后面的空格保留）
Rtrim	清除字符右边的空格	select LTRIM(' sql server ') 返回：sql server （中间和前面的空格保留）
Right	从字符串中返回指定数目的字符	select RIGHT('电子工业出版社',3) 返回：出版社
Replace	替换一个字符串中的字符	select REPLACE('AABBCABB','ABB','123') 返回：A123C123

字符串函数也可以应用在表的 SELECT 和 WHERE 字句中，如要查询地址在广州市的用户资料，除了可以使用模糊查询之外：

```
SELECT AccCode,E-mail,Address from Account
    where Address like '%广州%'
```

也可以应用字符串函数：

```
SELECT AccCode,E-mail,Address from Account
    where CharIndex('广州',Address)>0
```

3）日期和时间函数

日期和时间函数用于对日期和时间数据进行不同的处理和运算，并返回一个字符串、数字值或日期和时间值。常用日期时间函数如表 5.2.3 所示。

表 5.2.3　常用日期时间函数

函 数 名	功　　能	举　　例
Getdate	取得当前系统日期	Select getdate() 返回：当前的日期和时间
Dateadd	将指定的数值添加到指定的日期部分后的日期	Select dateadd(mm,4,'01/01/2013') 返回：2013-05-01 00:00:00.000
Datediff	两个日期之间的指定日期部分的区别	Select datediff(yy,'01/01/1949','01/01/2013') 返回：64

函数名	功能	举例
Datename	日期中指定日期部分的字符串形式	Select datename(dw,'11/11/2011') 返回：星期五
Datepart	日期中指定日期部分的整数形式	Select datepart(day,'01/15/2013') 返回：15

例如，应用日期函数，查询每个用户的年龄：

```
Select AccCode,datediff(yy,Account.Birthday,GETDATE()) as 岁数
from Account
```

程序执行效果如图 5.2.1 所示。

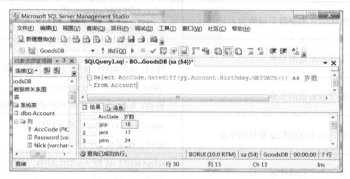

图 5.2.1　查询用户年龄

4）数学函数

数学函数用于对数字表达式进行数学运算并返回运算结果。数学函数可以对 SQL Server 提供的数字数据（decimal、integer、float、real、money、smallmoney、smallint 和 tinyint）进行处理。常用数学函数如表 5.2.4 所示。

表 5.2.4　常用数学函数

函数名	功能	举例
ABS	取数值表达式的绝对值	Select ABS(-100) 返回：100
Ceiling	取大于或等于指定数值表达式的最小整数	Select ceiling(100.5) 返回：101
Floor	取小于或等于指定表达式的最大整数	Select floor(100.5) 返回：100
Power	取数值表达式的幂值	Select power(10,2) 返回：100
Round	将数值表达式四舍五入为指定精度	Select round(3.1415926,1) 返回：3.142
Sqrt	取浮点表达式的平方根	Select sqrt(100) 返回：10
Rand	返回 0～1 内的随机 float 值	select RAND() 返回：0～1 内的随机数

5）系统函数

系统函数用于返回有关 SQL Server 系统、用户、数据库和数据库对象的信息。系统函数可以使用户在得到信息后，使用条件语句，根据返回的信息进行不同的操作。常用的部分系统函数如表 5.2.5 所示。

表 5.2.5 系统函数

函 数 名	功 能	举 例
Convert	数据类型转换	Select convert(varchar(6),201305) 返回：字符串 201305
Cast	数据类型转换，与 convert 相比语法更简单	Select cast('2011-11-11' as datetime) 将文字类型转换为日期格式
Datelength	返回用于指定表达式的字节数	Select datalength('中国 a') 返回：5
Newid	创建 uniqueidentifier 类型的唯一值	select NEWID() 每次返回值都不相同，如返回：E36801AB-0B69-4408-B689-4DB067CCCB85

3．流控制语句

1）BEGIN…END 语句

BEGIN…END 语句能够将多个 T-SQL 语句组合成一个语句块，并将它们视为一个单元处理。在条件语句和循环等控制流程语句中，BEGIN…END 关键字也是流程控制语句需要用到的最基本的关键字，可以直接理解成类 C 语言中的花括号"{ }"。

BEGIN…END 语句的语法格式如下。

```
BEGIN
    { sql_statement | statement_block}
END
```

2）GO 语句

Go 语句是批处理的结束语句。批是一起提交并作为一个组执行的若干 SQL 语句。

例如，用 Go 语句作为批处理的结束语句：

```
USE GoodsDB
GO
DECLARE @abc int;
SELECT @abc=5
print @abc
GO
print @abc   -- 此句出现错误，因为@abc 在 Go 语句后失效
```

3）IF…ELSE 语句

IF…ELSE 语句是条件判断语句，其中，ELSE 子句是可选的，最简单的 IF 语句没有 ELSE 子句部分。IF…ELSE 语句用来当某一条件成立时执行某段程序，条件不成立时执行另一段程序。SQL Server 允许嵌套使用 IF…ELSE 语句，而且嵌套层数没有限制。

IF…ELSE 语句的语法格式如下。

```
    IF Boolean_expression
  { sql_statement | statement_block }
[ ELSE
  { sql_statement | statement_block } ]
```

例如，查询 GoodsDB 数据库今天是否有用户登录，如有则提示有用户登录，并显示最近登录的用户的信息，如没有则提示没有用户登录。

程序清单如下所示。

```
DECLARE @ip varchar(15),@loginT datetime;
select top 1 @ip=Ip,@loginT=LoginTime from LoginLog
where DATEDIFF(DD, LoginTime,getdate())=0    --判断登录日期为今天
order by LoginTime DESC
if (@ip is not null)
begin
  print('今天有用户登录！');
  print('最新登录IP: '+@ip+',时间：'+cast(@loginT as varchar))
end
else
  print ('今天还没有用户登录！')
```

程序执行效果如图 5.2.2 所示。

图 5.2.2 程序执行效果

4）CASE 语句

CASE 语句可以计算多个条件式，并将其中一个符合条件的结果表达式返回。CASE 语句按照使用形式的不同，可以分为简单 CASE 语句和搜索 CASE 语句。

它们的语法格式分别如下。

```
CASE input_expression
  WHEN when_expression THEN result_expression
    [ ...n ]
  [ ELSE else_result_expression]
END
```

例如，显示产品名称及其分类，使用 CASE 将分类代码显示为分类名称。代码执行效果如图 5.2.3 所示。

```
SELECT   ProName,CatCode=
    CASE CatCode
        WHEN 'A01' THEN '手机电池'
        WHEN 'A02' THEN '充电器'
        WHEN 'A03' THEN '蓝牙耳机'
        ELSE '其他'
    END
FROM Product
```

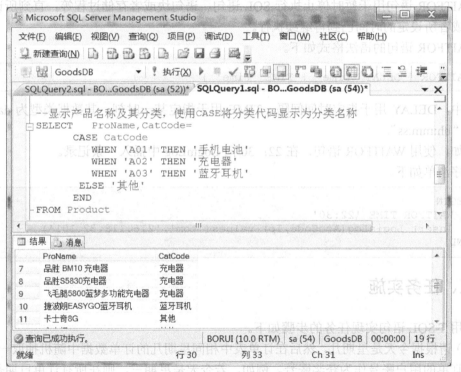

图 5.2.3 CASE 实例及其效果图

5）WHILE…CONTINUE…BREAK 语句

WHILE…CONTINUE…BREAK 语句用于设置重复执行 SQL 语句或语句块的条件。只要指定的条件为真，则重复执行语句。其中，CONTINUE 语句可以使程序跳过 CONTINUE 语句后面的语句，回到 WHILE 循环的第一行命令；BREAK 语句则使程序完全跳出循环，结束 WHILE 语句的执行。

其语法格式如下。

```
WHILE Boolean_expression
{ sql_statement | statement_block }
[ BREAK ]
{ sql_statement | statement_block }
[ CONTINUE ]
```

例如，输出 100 以内所有偶数之和：

```
declare @sum int,@i int
set @sum=0
set @i=0
while(@i<=100)
begin
    if(@i%2=0) set @sum=@sum+@i
    set @i=@i+1
end
print @sum
```

6）WAITFOR 语句

WAITFOR 语句用于暂时停止执行 SQL 语句、语句块或者存储过程等，直到所设定的时间已过或者所设定的时间已到再继续执行。

WAITFOR 语句的语法格式如下。

```
WAITFOR { DELAY 'time' | TIME 'time' }
```

其中，DELAY 用于指定时间间隔，TIME 用于指定某一时刻，其数据类型为 datetime，格式为 "hh:mm:ss"。

例如，使用 WAITFOR 语句，在 22：30 向 LoginLog 中插入一条记录。

程序清单如下。

```
BEGIN
   WAITFOR TIME '22:30'
   Insert LoginLog(AccCode,Ip) values('tom','216.118.32.101')
END
```

五、任务实施

使用 T-SQL 语句实现任务的步骤如下。

（1）请根据今天是星期几，然后在订单表中相同星期几的订单数据中随机抽取一条订单，返回该订单的用户账号作为获奖账号。例如，若今天是星期三，则在所有订单日期是星期三的订单中随机抽取一条订单记录。

分析：随机查询一条记录可以使用 "Order by NEWID()"，如随机抽取一条订单可按以下形式编写代码。

```
select top 1 AccCode,OrderTime from OrderInfo order by NEWID()
```

配合日期函数，可以实现上面的功能要求。代码执行效果如图 5.2.4 所示。

项目 5 数据库高级管理

```
DECLARE @wk nvarchar(3);
DECLARE @code varchar(20),@ordertime datetime;
SET @wk=datename(dw,GETDATE());   --星期几
select top 1 @code=AccCode from OrderInfo
where DATENAME(dw,OrderTime)=@wk
order by NEWID()
Print '今天是:'+@wk
Print '今天获奖的账号:'+@code
```

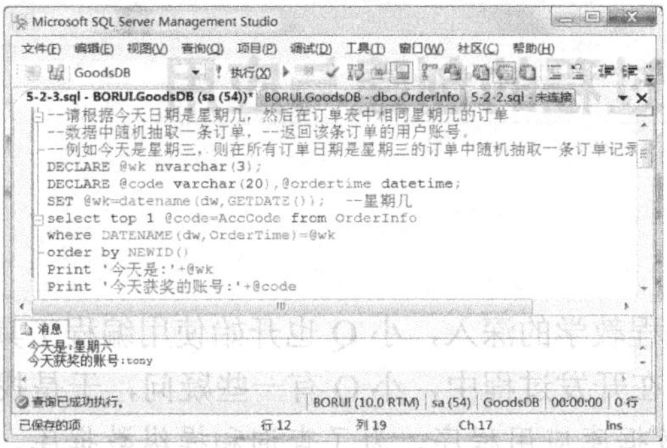

图 5.2.4　随机抽取用户账号

（2）查询产品的库存情况，显示产品编号、产品名称、库存情况。库存情况显示规则如下：当库存为 0 时显示"已清空"；当库存大于 0 且小于 50 时，显示"库存不足"；当库存大于等于 50 时，显示"库存充足"。

使用 CASE 或者 IF...ELSE 都可以实现，下面是使用 CASE 实现的情况，代码执行效果如图 5.2.5 所示。

```
SELECT    ProCode,ProName,库存情况=
     CASE
         WHEN (StockNum=0) THEN '已清空'
         WHEN (StockNum<50) THEN '库存不足'
         WHEN (StockNum>=50) THEN '库存充足'
     END
FROM Product
```

图 5.2.5　显示产品库存情况

六、课堂互动

（1）查询当月生日的用户账号、E-mail。
（2）输出 100～200 内的素数。
（3）实现一项促销活动，在每天的早上 8 点，所有商品的价格优惠 2 元，持续两个小时，10 点以后取消促销，恢复原价。

任务 3　存储过程的创建与应用

一、任务背景

本学期随着数据库课程教学的深入，小 Q 也开始使用编程工具（Visual C#、VB 等）开发一些数据库应用程序，在开发过程中，小 Q 有一些疑问，于是找到了老李。

小 Q："我现在开发数据库应用程序，为了查询和操纵数据库，我的方法是在程序中嵌入一段 T-SQL 代码，然后由应用程序将这段代码发给 SQL Server 执行并获得结果。"

老李："对，这是其中一种方法，一般来说，编程开发工具，如 Visual Studio，都可以使用你说的方法。"

小 Q："可是我发现这样做有些问题。比如，软件程序开发完成后，因业务需求变更，如字段的增加或者更名，即使小小的变更，就要深入程序代码内部，修改程序源代码并重新编译和发布程序，这样程序维护起来太吃力了。"

小 Q 想了想，继续说："如果能将 SQL 代码封装起来，就好像 C 语言的自定义函数一样，允许参数传递，这样就可以大大提高灵活性，维护也不用那么辛苦了。"

老李："你提出的问题，别人早想到了，使用存储过程就能解决你刚才的问题。"

小 Q："存储过程……"

老李："对，我们可以将 SQL 程序编成独立的存储过程，保存在数据库中，注意是保存在数据库中而非应用程序中，应用程序通过存储过程名称和参数，就可以调用存储过程执行并获得结果。这样，即使程序发布之后出现一些业务的变更，只需要在数据库中对存储过程进行相应调整即可，无需重新编译和发布应用程序。"

小 Q："你的意思是，将关于业务逻辑的代码通过存储过程来实现，应用程序通过调用存储过程来实现软件的功能。"

老李："对，其实在很多软件公司中，存储过程是普遍使用的开发方式。有些公司甚至严格规定，所有数据库操作必须先定义存储过程并存储到数据库中，再调用执行，而不应在应用程序代码中出现任何的 SQL 语句。"

小 Q："看来存储过程太重要了，特别在规范的软件企业开发中。"

老李："正如你所说的，不使用存储过程而直接在程序中嵌入 SQL 语句存在一定的弊端。存储过程的优点其实很多，比如存储过程是在创造时进行编译的，以后每次执行存储过程都不需重新编译，执行效率高，存储过程方便重复调用，代码重用性好等。"

二、任务需求

(1) 创建存储过程，实现用户注册功能，具体要求如下：传入参数账号（accCode）、用户昵称（nick）、密码（password）、电子邮件（E-mail），首先检查该账号是否存在，如果存在，则返回"用户已存在"；如果该账号不存在，则将传入参数作为一个新用户资料添加到用户表中，返回"创建用户成功"。

(2) 执行存储过程，分别测试账号已经存在和账号不存在两种情况。

(3) 创建存储过程，实现用户登录验证功能，具体要求如下：传入参数用户账号（accCode）和密码（password），输出参数验证结果（result），根据这两个参数查询用户表，如果是合法账号和密码，则验证结果为"验证通过"；如果账号正确，但是密码不正确，则验证结果为"密码错误"；如果账号不正确，则验证结果为"账号错误"。

(4) 执行上面的存储过程，分别测试用户名和密码在下面 3 种情况下的验证结果。

用户名为 tony；密码为 abc；
用户名为 sam；密码为 123；
用户名为 tony；密码为 123。

三、任务分析

上面任务中，(1) 是创建带有输入参数、返回值的存储过程；(3) 是既有输入参数，又有输出参数的存储过程。

下面通过存储过程的学习，结合前面学习的数据插入、查询等知识，就可以轻松完成该任务。

四、知识要点

T-SQL 中的存储过程非常类似于 C 语言中的函数，它可以重复调用。当存储过程执行一次后，可以将语句缓存，这样下次执行的时候直接使用缓存中的语句即可。下面来详细学习存储过程的相关知识。

1. 存储过程概述

1) 存储过程的概念和优点

存储过程是一组为了完成特定功能的 SQL 语句集合，经编译后存储在数据库中，用户通过指定存储过程的名称并给出参数来执行。

存储过程中可以包含逻辑控制语句和数据操纵语句，它可以接收参数、输出参数、返回单个或多个结果集及返回值。

存储过程的优点如下。

(1) 存储过程允许标准组件式编程。

存储过程创建后可以在程序中被多次调用执行，而不必重新编写该存储过程的 SQL 语句。数据库专业人员可以随时对存储过程进行修改，但对应用程序源代码却毫无影响，从而极大地提高了程序的可移植性。

(2) 存储过程能够实现较快的执行速度。

如果某一操作包含大量的 T-SQL 语句代码，分别被多次执行，那么存储过程要比批处理的执行速度快得多。因为存储过程是预编译的，在首次运行一个存储过程时，查询优化器对其进行分析、优化，并给出最终被保存在系统表中的存储计划。而批处理的 T-SQL 语句每次运行时都需要预编译和优化，所以速度要慢一些。

（3）存储过程减轻了网络流量。

对于同一个针对数据库对象的操作，如果这一操作所涉及的 T-SQL 语句被组织成一个存储过程，那么当在客户机上调用该存储过程时，网络中传递的只是该调用语句，否则将会是多条 SQL 语句。因此，存储过程减轻了网络流量，降低了网络负载。

（4）存储过程可被作为一种安全机制来充分利用。

系统管理员可以对执行的某一个存储过程进行权限限制，从而能够实现对某些数据访问的限制，避免非授权用户对数据的访问，保证数据的安全。

2）存储过程分类

SQL Server 提供了 3 种存储过程：系统存储过程、用户自定义存储过程、扩展存储过程。

系统存储过程：系统创建的存储过程，目的在于能够方便地从系统表中查询信息或完成与更新数据库表相关的管理任务或其他的系统管理任务。系统存储过程主要存储在 Master 数据库中，以"sp"下画线开头。尽管这些系统存储过程在 master 数据库中，但在其他数据库中还是可以调用系统存储过程的。有一些系统存储过程会在创建新数据库时被自动创建在当前数据库中。

常用系统存储过程如表 5.3.1 所示。

表 5.3.1　常用系统存储过程

系统存储过程	说　　明
sp_databases	列出服务器上的所有数据库
sp_helpdb	报告有关指定数据库或所有数据库的信息
sp_renamedb	更改数据库的名称
sp_tables	返回当前环境下可查询的对象的列表
sp_columns	返回某个表列的信息
sp_help	查看某个表的所有信息
sp_helpconstraint	查看某个表的约束
sp_helpindex	查看某个表的索引
sp_stored_procedures	列出当前环境中的所有存储过程
sp_password	添加或修改登录账户的密码
sp_helptext	显示默认值、未加密的存储过程、用户定义的存储过程、触发器或视图的实际文本

系统存储过程应用示例：

```
exec sp_databases;            --查看数据库
exec sp_tables;               --查看表
exec sp_columns GoodsDB;      --查看列
exec sp_helpIndex GoodsDB;    --查看索引
exec sp_helpConstraint GoodsDB;  --查看约束
```

项目 5　数据库高级管理

```
exec sp_stored_procedures;            --查看数据库存储过程
exec sp_helptext 'sp_tables';         --查看存储过程创建、定义语句
exec sp_renamedb tempDB, myDB;        --更改数据库名称
exec sp_defaultdb 'master', 'GoodsDB';   --更改登录名的默认数据库
exec sp_helpdb;    --数据库帮助,查询数据库信息
exec sp_helpdb master;      --查看 master 数据库的信息
```

用户自定义存储过程：由用户在自己的数据库中创建的存储过程。如果说系统存储过程就像 C 语言中的系统函数，那么用户自定义存储过程类似于 C 语言中的用户自定义函数。后面将会详细讲解如何创建和执行自定义存储过程。

扩展存储过程：指 SQL Server 可以动态加载和运行的 DLL，该 DLL 一般使用编程语言（如 C、C#等）创建。扩展存储过程以 "XP_" 开头，用来调用操作系统提供的功能，例如：

```
exec master xp_cmdshell 'ping 192.168.1.1'
```

2．创建存储过程与执行

1）创建存储过程

创建存储过程前，应该考虑下列几个事项。

① 不能将 CREATE PROCEDURE 语句与其他 SQL 语句组合到单个批处理中。
② 存储过程可以嵌套使用，嵌套的最大深度不能超过 32 层。
③ 创建存储过程的权限默认属于数据库所有者，该所有者可将此权限授予其他用户。
④ 存储过程是数据库对象，其名称必须遵守标识符规则。
⑤ 只能在当前数据库中创建存储过程。

创建存储过程的语法格式如下。

```
CREATE PROC[EDURE]procedure_name[;number][;number]
[{@parameter data_type}
[VARYING][=default][OUTPUT]
][,...n] WITH
{RECOMPILE|ENCRYPTION|RECOMPILE,ENCRYPTION}]
[FOR REPLICATION]
AS sql_statement [ ...n ]
```

用 CREATE PROCEDURE 创建存储过程的语法参数的意义如下。

procedure_name：用于指定要创建的存储过程的名称。

number：该参数是可选的整数，它用来对同名的存储过程分组，以便使用一条 DROP PROCEDURE 语句即可将同组的过程除去。

@parameter：过程中的参数。在 CREATE PROCEDURE 语句中可以声明一个或多个参数。

data_type：用于指定参数的数据类型。

VARYING：用于指定作为输出参数支持的结果集。

default：用于指定参数的默认值。

OUTPUT：表明该参数是一个返回参数。

对上面的语法进行简化，简化后如下。

```
CREATE  PROC[EDURE]  存储过程名
[{@参数数据类型} [=默认值] [output],
 {@参数数据类型} [=默认值] [output],
  ......
] AS
    SQL 语句
```

2）执行存储过程

存储过程可以使用 EXECUTE 命令来执行，其语法格式如下。

```
[[EXEC[UTE]]
   {     [@return_status=]
    {procedure_name[;number]|@procedure_name_var}
     [[@parameter=]{value|@variable[OUTPUT]|[DEFAULT]} [,...n]
[ WITH RECOMPILE ]
```

上面语法简化如下：

```
EXEC[UTE]  过程名  [参数]
```

3）修改存储过程

修改存储过程，将"CREATE"改为"ALTER"即可，语法格式如下。

```
ALTER  PROC[EDURE]  存储过程名
[{@参数数据类型} [=默认值] [output],
 {@参数数据类型} [=默认值] [output],
  ......
] AS
    SQL 语句
```

4）删除存储过程

其语法格式如下。

```
DROP  PROC[EDURE]  存储过程名
```

3．存储过程实例

1）不带参数的存储过程

（1）创建存储过程，查询价格最高的 5 种商品的编号、名称、分类名称、价格。

```
CREATE PROC P_GET_TopPro
as
SELECT top 5 ProCode, ProName,Category.CatName,Price
FROM  Category INNER JOIN Product
ON Category.CatCode = Product.CatCode
order by Price Desc
```

（2）执行上面的存储过程，执行效果如图 5.3.1 所示。

```
EXEC P_GET_TOPPro
```

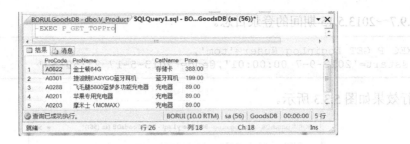

图 5.3.1　执行存储过程

2）带输入参数的存储过程

（1）创建存储过程，查询某用户在某段时间的登录日志。

```
CREATE PROC P_GET_LoginLog
 @user varchar(20), --用户账号
 @start datetime,    --开始时间
 @end  datetime      --结束时间
as
select LogId,AccCode,Ip,LoginTime
from LoginLog
where AccCode=@user and LoginTime between @start and @end
```

（2）执行上面的存储过程。查询"tom"在 2012.9.7～2013.5.15 期间的登录日志。执行效果如图 5.3.2 所示。

```
EXEC P_GET_LoginLog @user='tom',
  @start='2012-9-7 00:00:01',@end='2013-5-17 23:59:59'
```

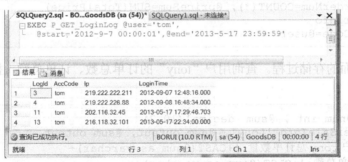

图 5.3.2　查询登录日志

（3）修改上面的存储过程，使得用户账号参数支持模糊查询。

```
ALTER PROC P_GET_LoginLog
 @user varchar(20), --用户账号
 @start datetime,    --开始时间
 @end  datetime      --结束时间
as
select LogId,AccCode,Ip,LoginTime
from LoginLog
where AccCode like @user and LoginTime between @start and @end
```

（4）执行上面的存储过程。传入参数"to%"，则可以查询用户账号以"to"开头的用户

在 2012.9.7~2013.5.15 期间的登录日志。

```
EXEC P_GET_LoginLog @user='tom',
  @start='2012-9-7 00:00:01',@end='2013-5-17 23:59:59'
```

执行效果如图 5.3.3 所示。

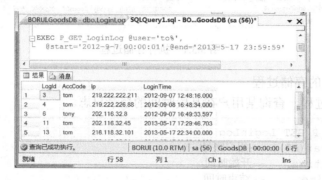

图 5.3.3　带输入参数的存储过程

3）带输入和输出参数的存储过程

（1）创建存储过程，传入参数用户账号，查询该用户的历史订单数量、历史订单总额。

```
CREATE PROC P_UserSaleInfo
 @user varchar(20), --用户账号
 @orderNum int output,    --订单数量
 @priceSum decimal(10,2) output    --订单总额
as
select @orderNum=COUNT(*), @priceSum=SUM(TotalPrice)
from OrderInfo
where AccCode=@user
```

（2）执行上面的存储过程。查询用户"tony"的订单总数、订单总额，执行效果如图 5.3.4 所示。

```
declare  @num int , @sum  decimal(10,2)
EXEC P_UserSaleInfo 'tony', @num output, @sum output
print '用户tony总订单数量:'+CAST(@num as varchar)+
    ',订单总额:'+CAST(@sum as varchar)
```

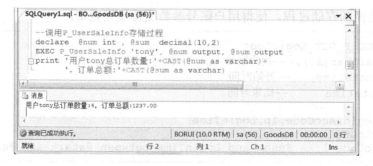

图 5.3.4　带输入和输出参数的存储过程

五、任务实施

任务实施步骤如下。

（1）创建存储过程，实现用户注册功能，具体要求如下：传入参数账号（accCode）、用户昵称（nick）、密码（password）、电子邮件（E-mail），首先检查该账号是否存在，如果存在，则返回"用户已存在"；如果该账号不存在，则将传入参数作为一个新用户资料添加到用户表中，返回"创建用户成功"。

```
CREATE PROC P_AddUser
@accCode varchar(20),
@nick varchar(30),
@password varchar(30),
@email varchar(50)
AS
if exists(select AccCode from Account
where Account.AccCode=@accCode)
RETURN 0
else
begin
insert Account(AccCode,Nick,[Password],E-mail)
  values(@accCode,@nick,@password,@email)
RETURN 1
end
```

（2）执行存储过程，分别测试账号已经存在和账号不存在两种情况。

上面的存储过程有返回值，注意获取返回值的方式，代码如下。

```
DECLARE @r bit   --获取存储过程返回值
EXEC @r=P_AddUser 'tony','tony_chen','1234','tony@sina.cn'
if (@r=1) print '创建用户成功'
 else print '用户已经存在'

EXEC @r=P_AddUser 'Babu','Babu','1234','Babu@sina.cn'
if (@r=1)  print '创建用户成功'
 else print '用户已经存在'
```

测试结果如图 5.3.5 所示。

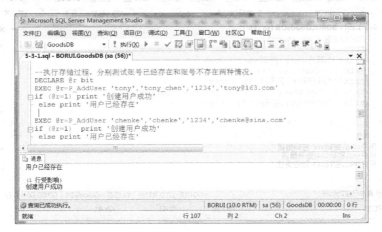

图 5.3.5　测试用户注册的存储过程

（3）创建存储过程，实现用户登录验证功能，具体要求如下：传入参数用户账号（accCode）和密码（password），输出参数验证结果（result），根据这两个参数查询用户表，如果是合法账号和密码，则验证结果为"验证通过"；如果账号正确，但是密码不正确，则验证结果为"密码错误"；如果账号不正确，则验证结果为"账号错误"。

```sql
CREATE PROC P_CheckUser
@accCode varchar(20),
@password varchar(30),
@result varchar(8) output  --验证结果
AS
DECLARE @userpass varchar(30)   --保存用户密码
select @userpass=Account.Password from Account
 where Account.AccCode=@accCode
if (@userpass is null) --密码为null,说明账号错误
set @result='账号错误'
else if(@userpass=@password)
    set @result='验证通过'
else
set @result='密码错误'
```

（4）执行上面的存储过程，分别测试用户名和密码，下面为3种情况的验证结果。

用户名为tony；密码为abc。

用户名为sam；密码为123。

用户名为tony；密码为123 。

```sql
DECLARE @res varchar(8)
EXEC P_CheckUser 'tony','abc',@res output
print '用户tony,密码abc:'+@res
EXEC P_CheckUser 'sam','abc',@res output
print '用户sam,密码:'+@res
EXEC P_CheckUser 'tony','123',@res output
print '用户tony,密码:'+@res
```

上面3种情况的测试结果如图5.3.6所示。

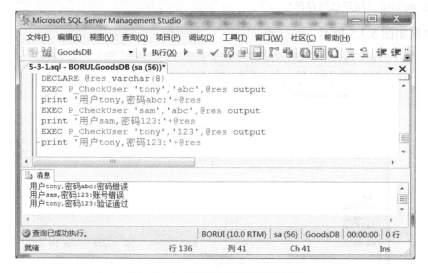

图5.3.6　测试用户验证存储过程

六、课堂互动

（1）输入参数和输出参数可以设置默认值吗？输入参数设置默认值后在调用执行存储过程时，能否不指定参数值？

（2）存储过程有何优点？

（3）存储过程分为哪几类？

任务 4　触发器的创建与应用

一、任务背景

小 Q 在开发 B2C 电子商务平台时遇到了困难，于是找到了老李。

小 Q："我发现数据库中的很多操作是密切相关性的，比如用户下订单购买商品了，我在数据库中把商品编号、数量插入到 OrderItem 订单明细表中，同时应该从商品库存表中减少对应的数量。如果其中一个操作发生错误，就会造成数据不同步了。"

老李："对，是这样。"

小 Q："那我如何保证这两个操作同时成功，如果一个操作发生意外，就取消另一个操作呢？"

老李："你可以使用事务完成，当然，这个案例中，使用触发器也是不错的选择。"

小 Q："触发器？"

老李："对，触发器是一种特殊的存储过程，在触发器中可以包含复杂的 SQL 语句，触发器主要通过事件进行触发，自动调用执行。对于你刚才说的问题，可以在 OrderItem 表中建立触发器，使之自动加减 Product 表中的库存量。"

小 Q："触发器功能太强大了……"

老李："当然，多年的经验告诉我，触发器功能很强大，但如果滥用触发器、大量使用触发器会给程序的维护带来困难。由于触发器会启动一个隐藏事务，因此触发器会在服务器上增加额外的开支。一旦执行触发器，一个新的隐藏事务就会开始，同时事务中的任意数据检索将锁定受影响的表。"

老李想了想，继续说："合理使用吧，有些简单问题可以通过触发器解决，也可以通过定义约束来解决，那么应尽量通过定义约束来解决。"

二、任务需求

（1）请通过建立触发器实现如下功能：用户下订单购买商品后，根据用户购买的数量，减少 Product 表中对应商品的库存量。

（2）测试上面的触发器，观察触发器是否能正常工作。

三、任务分析

针对任务需求，当用户购买商品时，就会在 OrderItem 表中插入数据，记录用户购买的商品编号和数量，所以可以在 OrderItem 表中建立 Insert 触发器，当 OrderItem 表中新增数据时，自动修改 Product 表中的库存数。

四、知识要点

1. 触发器概述

1）触发器

触发器是一种特殊的存储过程，它不能被显式地调用，而是在向表中插入记录、更新记录或者删除记录时被自动激活。所以触发器可以用来对表实施复杂的完整性约束。

2）触发器分类

SQL Server 提供了两种触发器：Instead of 和 After 触发器。

（1）After 触发器，之后触发，具体分为下面几种。

① Insert 触发器。
② Update 触发器。
③ Delete 触发器。

（2）Instead of 触发器，之前触发。

其中，After 触发器要求只有执行某一操作，如 Insert、Update、Delete 之后触发器才被触发，且只能定义在表上。而 Instead of 触发器表示并不执行其定义的操作（Insert、Update、Delete），而仅执行触发器本身。既可以在表上定义 Instead of 触发器，又可以在视图上定义。

SQL Server 为每个触发器都创建了两个专用表：Inserted 表和 Deleted 表。这两个表由系统来维护，它们存在于内存中而不是数据库中。这两个表的结构总是与被该触发器作用的表的结构相同。触发器执行完成后，与该触发器相关的这两个表也被删除。

Deleted 表存放由于执行 Delete 或 Update 语句而要从表中删除的所有行，Inserted 表存放由于执行 Insert 或 Update 语句而要向表中插入的所有行。表 5.4.1 列出了表操作与 Inserted、Deleted 两个表的关系。

表 5.4.1　表操作与 Inserted、Deleted 两个表的关系

对表的操作	Inserted 表	Deleted 表
增加记录（insert）	存放增加的记录	无
删除记录（delete）	无	存放被删除的记录
修改记录（update）	存放更新后的记录	存放更新前的记录

3）触发器执行过程

如果一个 Insert、Update 或 Delete 语句违反了约束，那么 After 触发器不会执行，因为对约束的检查是在 After 触发器被触发之前发生的，所以 After 触发器不能超越约束。

Instead of 触发器可以取代激发它的操作来执行。它在 Inserted 表和 Deleted 表刚刚建立，其他任何操作还没有发生时被执行。因为 Instead of 触发器在约束之前执行，所以它可以对约

束进行一些预处理。

2. 创建和管理触发器

1）创建存储过程

使用 T-SQL 语句来创建触发器的语法可简化如下。

```
CREATE TRIGGER trigger_name
ON {table_name | view_name}
{FOR | AFTER | INSTEAD OF }
 [ INSERT,UPDATE,DELETE ]
AS
  sql_statement
```

2）删除触发器

删除触发器的基本语句如下。

```
DROP TRIGGER trigger_name
```

3）查看触发器

查看当前数据库已有触发器的语句如下。

```
select * from sysobjects where xtype='TR'
```

查看单个触发器的语句如下。

```
exec sp_helptext trigger_name
```

4）修改触发器

修改触发器的语法格式如下。

```
ALTER TRIGGER trigger_name
ON {table_name | view_name}
{FOR | AFTER | INSTEAD OF }
 [ INSERT,UPDATE,DELETE ]
AS
  sql_statement
```

5）启用和禁用触发器

禁用 GoodsDB 触发器：

```
disable trigger 触发器名称 on GoodsDB;
```

启用 GoodsDB 触发器：

```
enable trigger 触发器名称 on GoodsDB;
```

3. 触发器实例

1）Insert 触发器

（1）创建插入类型触发器，当插入分类信息时，提示增加商品分类成功。

```
create trigger Tr_Category_Insert
on Category for insert --插入触发
as
    declare @code char(3), @name varchar(30)
    --在inserted表中查询已经插入记录的信息
    select @code = CatCode, @name = CatName from inserted;
    print '添加商品分类成功！分类编号：'+@code+'分类名称：'+@name;
```

（2）向 Category 表中插入数据，测试上面的触发器，测试效果如图 5.4.1 所示。

```
insert Category(CatCode,CatName) values('T01','耳机a')
```

图 5.4.1　Insert 触发器测试效果

2）带输入参数的存储过程

（1）建立 Delete 触发器，当删除 LoginLog 记录时，将删除的数据存放到 LogBackup 表中。

```
create trigger Tr_LoginLog_Delete
on LoginLog
    for delete --删除触发
as
    if (object_id('LogBackup', 'U') is not null)
        --存在LogBackup，直接插入数据
        insert into LogBackup
          select LogId,AccCode,Ip,LoginTime from deleted;
    else
        --不存在classesBackup，创建后再插入
        select LogId,AccCode,Ip,LoginTime
        into LogBackup from deleted;
```

（2）删除部分 LoginLog 数据，测试触发器的工作。如图 5.4.2 所示，删除了 lihong 的登录日志，触发器将输出的数据备份到 LogBackup 表中。

```
Delete from LoginLog where AccCode='lihong'
Select * from LogBackup
```

图 5.4.2　Delete 触发器测试效果

3）Update 触发器

（1）创建 Update 触发器，当修改商品价格时，输出价格变动情况。

```
CREATE trigger tgr_Product_update
on Product
    for update
as
    declare @oldPrice decimal(10,2), --更新前的价格
    @newPrice decimal(10,2)  --更新后的价格
    if (update(Price))   --如果修改了价格
    begin
       select @oldPrice=Price from Deleted; --获得修改前的价格
       select @newPrice=Price from Inserted; --获得修改后的价格
       print '修改了价格,从'+cast(@oldPrice as varchar)
            +' 修改为'+cast(@newPrice as varchar)
    end
```

（2）测试 Update 触发器，修改 A0301 商品价格，显示价格修改情况，如图 5.4.3 所示。

```
update Product set Price=199 where ProCode='A0301'
```

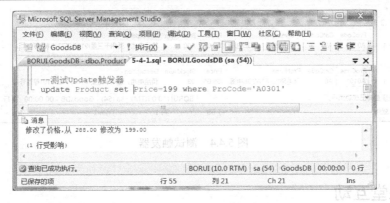

图 5.4.3 Update 触发器测试效果

五、任务实施

任务实施步骤如下。

（1）创建触发器，代码如下。

```
create trigger Tr_OrderItem_Insert
on OrderItem
    for insert  --插入触发
as
    declare @num int, @procode char(5);
    --获取订单的商品编号、数量
    select @num = Quantity, @procode = ProCode from inserted;
    Update Product set StockNum=StockNum-@num
        where ProCode=@procode        --更新库存
```

（2）向 OrderItem 表中插入数据，在插入数据的前后分别查询商品的库存情况，观察触发

器能否正常工作。

```
Declare @maxid int;
    --获取最后一条订单的编号
select @maxid=max(OrderId) from OrderInfo
select * from Product where ProCode='A0101'  --查询A0101商品
if @maxid is not null
    insert OrderItem(OrderId,ProCode,Quantity)values(@maxid,'A0101',2)
select * from Product where ProCode='A0101'  --再次查询A0101商品
```

测试结果如图 5.4.4 所示。

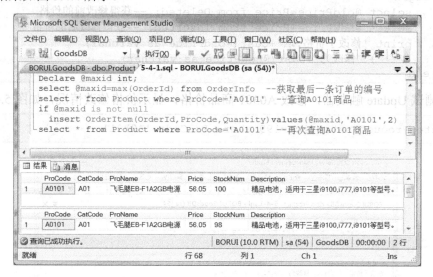

图 5.4.4　测试触发器

六、课堂互动

（1）触发器使用的临时表 Inserted、Deleted 是否可以修改？

（2）如果插入数据时，违反了表的唯一约束，导致插入数据失败，此时 Insert 触发器能否启动？

（3）在一些系统中，常常有操作日志功能，即记录用户对每一张表的操作，请大体描述该功能使用触发器如何实现。

拓展实训 5-1　创建、修改、删除视图

【实训目的】

掌握视图的创建和修改。

【实训内容】

分别使用 SSMS 管理工具或查询语句完成以下操作。

（1）建立视图 V_Acc_Link，返回客户的账号、E-mail、联系地址。

（2）建立视图 V_Top_Sale，查询历史总销量最高的 10 种商品的编号、名称、总销量。

（3）修改上面的视图，修改为查询 2013 年度销量最高的 10 种商品的编号、名称、总销量。

（4）建立视图 V_AccLog2013，查询 2013 年度用户的登录日志，包括用户编号、用户名称、登录 IP、登录时间。

（5）应用上面的视图，删除用户"gcp"2013 年度的登录日志信息。

（6）应用上面的视图，查询"tony"2013 年度每个月的登录次数。

（7）删除视图 V_Acc_Link。

【训练要点】

提示如下。

（1）该视图用于查询客户的联系信息，视图来源于一个表。

（2）查询统计使用 Group…By…子句；要获取销量最高的 10 种，可以使用销量降序排序，然后使用 Top 10 来获取销量最高的 10 条记录。

（3）修改视图可以直接在 SSMS 中，右击视图，选择"设计"选项，重新设计视图；如果使用 SQL 实现，语法如下。

```
ALTER VIEW [schema_name.] view_name [(column [,...n])]
AS
select_statement
```

（4）获取 2013 年的数据，可以使用 Year()函数，获取登录时间的年份的年份等于 2013。

（5）使用 Delete 语句，将视图看作表去使用。

（6）使用 Group By 语句和 Count(*)函数，将视图看作表使用。

（7）删除视图使用"DROP VIEW"语句。

拓展实训 5-2　T-SQL 编程

【实训目的】

掌握应用 T-SQL 进行简单的程序设计的方法。

【实训内容】

使用 T-SQL 编写以下程序。

（1）求 100 以内，所有能被 3 整除的数之和。

（2）请将 2013 年购买商品次数大于等于 10 次的用户资料存放到 VipAccount 表中，VipAccount 表结构与 Account 表完全相同，如果 VipAccount 表已经存在，则应先删除此表。

（3）显示 2013 年度用户的登录信息（账号、登录 IP、登录时间），要求登录时间不显示具体日期，只显示为星期几。

【训练要点】

提示如下。

（1）使用 While 循环。

（2）判断一个表是否存在的代码如下。

```
if (object_id('LogBackup', 'U') is not null)
```

将数据插入到新建表中,可以使用以下语句:

```
select ... into... from...
```

(3) 使用 select datename(weekday,日期) 可以获得该日期对应为星期几。

拓展实训 5-3 创建存储过程

【实训目的】

掌握存储过程的创建和调用,掌握带参数的存储过程的创建、执行;指定存储过程返回值。

【实训内容】

(1) 创建存储过程,输出以下信息。

最活跃的用户(登录次数最多);

购买次数最多的用户(即订单数量最多)。

(2) 执行上面的存储过程。

(3) 创建存储过程,传入参数用户账号,输出该用户的总消费金额。

(4) 执行上面的存储过程。

(5) 创建存储过程,传入商品编号、返回商品的库存量。

(6) 执行上面的存储过程。

【训练要点】

实训提示如下。

(1) 使用下面语句可以获取每个用户的登录情况:

```
select AccCode ,count(*) 登录次数 from LoginLog
group by AccCode
order by 登录次数
```

获得各个用户的订单数量:

```
select AccCode ,count(*) 订单数 from OrderInfo
group by AccCode
order by 订单数
```

(2) 执行存储过程:Exec 存储过程名称。

(3) 求总价格,可以通过 SUM(Price*Quantity)获得,此存储过程涉及 3 个表,价格信息 Price 在 Product 表中,购买数量 Quantity 在 OrderItem 表中,用户账号 AccCode 在 OrderInfo 表中。

(4) 存储过程返回值使用"Return"指定。

拓展实训 5-4　创建触发器

【实训目的】

掌握触发器的创建方法和调用原理；掌握 Insert、Update、Delete 触发器的创建。

【实训内容】

（1）建立 Insert 触发器，当有新用户注册时，查询已有用户中是否有相同的 E-mail，如果有，则提示 E-mail 已经存在，并取消注册操作。

（2）插入一条用户信息，且 E-mail 存在于已有用户中，测试上面的触发器能否正常工作。

（3）建立 Update 触发器，当修改订单明细表中的商品数量时，自动调整对应的库存情况。

（4）修改某一条订单明细的商品数量，测试上面触发器能否正常工作。

【训练要点】

实训提示如下。

（1）取消操作，可以使用"ROLLBACK TRANSACTION"完成。参考如下代码。

```
create trigger 触发器名称
on Account
    for insert --插入触发
as
  if (该E-mail 已经存在)
  begin
    print '该E-mail 已经存在'
    ROLLBACK TRANSACTION   /*回滚之前的操作 */
  end
```

（2）使用 Insert 向用户表中插入两条数据，分别在 E-mail 已经存在、E-mail 不存在的情况下，观察触发器能否正常工作。

（3）参考本项目的任务 4，修改操作可视为先删除旧的后插入新的，所以对库存的影响是先加上原来的数，再减去新修改的数。

本项目介绍了 SQL Server 的高级应用功能，包括视图的功能、意义，以及使用 SSMS 和 SQL 语句创建视图的方法，并应用视图修改、删除数据；T-SQL 的基本语法、T-SQL 的函数、流控制语句，并应用 T-SQL 编写简单程序；存储过程的概念和分类、存储过程的优点，系统存储过程的执行；触发器的概念、功能、分类，并讲述了创建 Insert、Update、Delete 触发器的实例。

一、选择题

1. 使用触发器会产生两个逻辑表（　　）。

A. delete 和 inserte B. deleted 和 inserted
C. open 和 close D. opened 和 closed

2. 在基本 SQL 语句中，不可以实现（   ）。
   A. 定义视图 B. 定义基表
   C. 查询视图和基表 D. 并发控制

3. SQL 的视图是从（   ）中导出的。
   A. 基本表 B. 视图
   C. 基本表或视图 D. 数据库

4. 局部变量必须以（   ）开始。
   A. # B. @ C. @@ D. ##

5. 使用（   ）参数可以防止查看视图代码。
   A. with encryption B. with check
   C. with check option D. with secret

6. 用于求系统日期的函数是（   ）。
   A. YEAR() B. GETDATE() C. COUNT() D. SUM()

7. 以下不属于数据库对象的是（   ）。
   A. 视图 B. 存储过程
   C. 用户自定义函数 D. 角色

8. 触发器可以创建在（   ）中。
   A. 表 B. 过程 C. 数据库 D. 函数

9. 以下触发器是对[Table1]进行（   ）操作时触发的。

```
Create Trigger abc on Table1
For insert , update , delete
As ……
```

A. 只是修改 B. 只是插入
C. 只是删除 D. 修改、插入、删除

10. 关于视图，下列说法错误的是（   ）。
    A. 视图是一种虚拟表 B. 视图中也存有数据
    C. 视图也可由视图派生出来 D. 视图是保存在数据库中的 SELECT 查询

11. 使用模糊查找 like '_a%'，可能的结果是（   ）。
    A. aili B. bai C. bba D. cca

12. 在 SQL 语句中，建立存储过程的命令是（   ）。
    A. CREATE PROCEDURE B. CREATE RULE
    C. CREATE DURE D. CREATE FILE

13. 计算两个日期之间的差值的函数是（   ）。
    A. getdate B. dateadd C. datename D. datediff

14. 产生(0,1)之间随机数的函数是（   ）。
    A. sqrt() B. rnd() C. floor() D. rand()

15. 创建存储过程如下：

```
create procedure scoreproc
 @scoreid int,@score numeric(4,2) output
 as
select @score = score from scores where scoreid=@scoreid
```

正确的调用是（　　）。

  A．exec scoreproc 1,@myscore output

   print @myscore

  B．exec scoreproc @id = 1,@myscore output

   print @myscore

  C．declare @myscore numeric(4,2)

   exec scoreproc 1,@myscore output

   print @myscore

  D．declare @myscore numeric(4,2)

   exec scoreproc @id = 1,@myscore output

   print @myscore

16．已知有 scores 表，scoreid 为主键，现在表中共有 10 条记录，其中有 scoreid=21。创建视图：

```
create view view_scores
as
select * from scores
```

执行如下命令：

```
delete from view_scores where (scoreid = 21)
```

再执行如下命令：

```
select * from scores
select * from view_scores
```

假定上述命令全部执行成功，将各自返回（　　）行记录。

  A．10，10   B．10，9   C．9，10   D．9，9

17．关于视图，以下说法错误的是（　　）。

  A．使用视图，可以简化数据的使用

  B．使用视图，可以保护敏感数据

  C．视图是一种虚拟表，视图中的数据只能来源于物理数据表，不能来源于其他视图

  D．视图中只存储了查询语句，并不包含任何数据

二、问答题

1．什么是存储过程？简述其分类。

2．T-SQL 的注释方式有哪些？

3．什么是视图？SQL Server 提供了哪些方法建立视图？

4．如何启用或禁用数据库 TestDB 的 trg_test 触发器？

5．简述全局变量@@ERROR、@@ROWCOUNT、@@IDENTITY 的作用。

项目 6 查询优化和安全管理

技能目标及知识目标

- 了解索引的概念和特点；
- 掌握应用索引提高查询速度的方法；
- 掌握 SQL Server 2014 的身份验证模式；
- 了解保障数据库数据安全的主要方法；
- 了解 SQL Server 数据库的安全配置；
- 了解 SQL Server 2014 数据库备份的机制；
- 掌握 SQL Server 2014 备份与恢复的操作方法；
- 了解事务的概念，掌握应用事务控制复杂操作的执行方法。

项目导引

SQL Server 是一个中大型的数据库管理系统，常常管理数量巨大的数据。SQL Server 采用了比较优秀的方法，提高了数据的查询处理效率；数据库数据的安全很重要，SQL Server 提供了备份和恢复的方法，保障了数据库的安全；数据库在运行过程中，往往有许多用户参与数据库中数据的更改、删除、查询等操作，对数据安全的影响又比较大。SQL Server 的安全配置，在一定程度上，确保了数据库中数据的安全。

本项目通过 4 个任务来学习提高查询优化、数据库安全操作、数据库备份与恢复、事务等内容。

任务 1 应用索引提高查询速度

一、任务背景

小 Q 已经在 SQL Server 2014 中建立了一系列查询和视图。随着数据库数据的增加，小 Q 发现查询的速度渐渐慢了下来。一天，小 Q 见到老李，便把这件事告诉了老李。

听了小 Q 的描述，老李沉思了一会儿，说："数据库中数据量增加了很多，要查询的数据比以前要多了许多，要想提高查询的速度，现在要做的是采用类似图书目录的索引技术。"

小 Q 听了，眼睛一亮，说："书里的目录我知道，只要找到目录项，就知道其所在的书的页码，可以很方便、很快地翻到那一页。原来 SQL Server 使用了这种方式来加快数据查询的速度啊！"

"对啊,在一些数据量非常大的数据库中建立索引,可以大大加快查询的速度。"老李说。

二、任务需求

如果数据库设计合理,再为表建立适合的索引,可以获得高效数据库系统。而不合理地添加索引,则会降低系统的总体性能。索引提高了数据的访问速度,但同时也增加了插入、更新和删除操作的处理时间。

根据项目 1 中对 B2C 电子商务平台数据库的设计,在 GoodsDB 数据库中,有以下两张表,表的逻辑结构如下。

产品信息表(*产品编号、产品名称、价格、库存量、描述、分类编号)。

订单信息表(*订单编号、订单时间、总价格、客户编号)。

本次任务如下:

(1) 在"产品信息表"中,按"产品编号"建立主键索引,组织方式为聚集索引。

(2) 在"订单信息表"中,按"订单时间"建立索引,组织方式为非聚集索引。

三、任务分析

建立索引有两种方式:一种是通过 SSMS 图形界面创建索引;另一种是执行 SQL 语句。两种方式各有特点,学习过程中最好两种方式都使用,体验两种方式之间的区别。

(1) 在"产品信息表"中,按"产品编号"建立主键索引,组织方式为聚集索引。

这里注意建立的主键索引是唯一索引,数据中"产品编号"的值不能重复。

(2) 在"订单信息表"中,按"订单时间"建立索引,组织方式为非聚集索引。

由于订单时间不具备唯一性,因此可以建立普通索引,不要求是唯一索引。

四、知识要点

1. 数据库建立索引的主要作用

索引是对数据库表中一列或多列的值进行排序,通过索引可快速访问数据库表中的指定信息。

索引的主要作用如下。

(1) 大大加快了检索数据的速度。

(2) 加快表与表之间的连接,实现数据参照完整性。

(3) 保障数据的唯一性。

(4) 在查询中,明显减少排序和分组所用的时间。

2. 索引类型

在数据库中,索引主要分为聚集索引和非聚集索引两种类型。索引也分为唯一索引和非唯一索引。如果索引是通过多个列组合在一起形成的,则被称为复合索引。

1) 聚集索引

聚集索引是按照数据在表内的实际存储顺序生成的索引。聚集索引对搜索的值位于某个范围的时候,查询效果特别明显,如查询学生学号,当表中的数据按学号先后顺序排列时,查询学号就尤为方便了。

2）非聚集索引

非聚集索引中的索引的逻辑顺序与数据库数据的物理存储顺序不同。

3）索引的分类

唯一索引（UNIQUE）：两行不能具有相同的索引值（创建了唯一约束，系统将自动创建唯一索引）。

主键索引：主键索引要求主键中的每个值是唯一的（创建主键时自动创建了主键索引）。

聚集索引（CLUSTERED）：表中各行的物理顺序与键值的逻辑（索引）顺序相同，表中只能包含一个聚集索引，主键之列默认为聚集索引。

非聚集索引（NONCLUSTERED）：表中各行的物理顺序与键值的逻辑（索引）顺序不匹配，表中可以有 249 个非聚集索引。

3. 使用 CREATE INDEX 语句为表创建索引

其语法格式如下：

```
CREATE [UNIQUE] [CLUSTERED| NONCLUSTERED ]
INDEX index_name ON { table | view } ( column [ ASC | DESC ] [ ,...n ] )
[with
[PAD_INDEX]
[[,]FILLFACTOR=fillfactor][[,]IGNORE_DUP_KEY]
[[,]DROP_EXISTING]
        [[,]STATISTICS_NORECOMPUTE]
[[,]SORT_IN_TEMPDB]
]
[ ON filegroup ]
```

各参数说明如下。

UNIQUE：创建唯一索引。

CLUSTERED：创建的索引为聚集索引。

NONCLUSTERED：创建的索引为非聚集索引。

index_name：创建的索引的名称。

table：创建索引的表的名称。

view：创建索引的视图的名称。

ASC|DESC：某个索引列的升序或降序排序方向。

column：被索引的列。

PAD_INDEX：索引中间级中每个页（节点）上保持开放的空间。

FILLFACTOR = fillfactor：用于指定在创建索引时，每个索引页的数据占索引页的百分比，fillfactor 的值为 1～100。

IGNORE_DUP_KEY：在一个唯一聚集索引的列中，插入重复数据时，SQL Server 所做出的反应。

DROP_EXISTING：删除并重新创建已命名的先前存在的聚集索引或者非聚集索引。

STATISTICS_NORECOMPUTE：过期的索引统计不会自动重新计算。

SORT_IN_TEMPDB：创建索引时的中间排序结果将存储在 tempdb 数据库中。

ON filegroup：用于指定存放索引的文件组。

4. 合理设计索引的几项基本原则

是否要增加索引、在哪些字段上建立索引，是建立索引时要思考的问题。一个比较好的方法就是分析哪些数据经常被查询或者排序，这类字段需要建立索引。

在创建索引时，可以参考以下原则。

（1）关键字 order by、group by 后面经常出现的字段，可以建立索引。

这样就避免了重复排序。当建立的是复合索引的时候，索引的字段顺序和关键字后面的字段顺序应当一致，否则会利用不到索引。

（2）在 union 等集合操作的结果集字段上，可以建立索引。

（3）查询选择经常用到的字段，可以建立索引。

（4）用作表连接的字段，建立索引。

（5）一个表不要加太多索引，因为索引影响插入和更新的速度。

在创建索引时，有时还应该注意以下限制。

（1）限制表上的索引数目。经常大量更新数据的表，所建索引的数目一般为 3～5 个。索引可以提高访问速度，但太多索引也会影响数据更新操作的效率。

（2）重复值较多的字段上，不建议建立索引。

（3）取值单向增长的字段（日期类型等）上，不建议建立索引。

（4）当某些索引不再使用或者很少被使用的索引，建议删除。

五、任务实施

1. 建立"产品信息表"的主键索引和聚集索引

在"产品信息表"中，按"产品编号"建立主键索引，组织方式为聚集索引。

（1）用 SSMS 建立索引。

在"对象资源管理器"中展开数据库"GoodsDB"，单击"表"中的"dbo.Product"，右击名为"ProCode"的列，在弹出的快捷菜单中选择"新建索引"进项，右击名为"ProCode"的列，在弹出的快捷菜单中选择"设置主键"选项，如图 6.1.1 所示；可看到名为"ProCode"的列左边出现了一个钥匙的图像，如图 6.1.2 所示；在"dbo.Product"的索引项里，出现了名为"PK_Product(聚集)"的索引项，如图 6.1.3 所示。

（2）用 SQL 命令建立索引。

在本任务中，可使用比较简单的 SQL 语句来创建索引。

```
CREATE [UNIQUE] [CLUSTERED|NONCLUSTERED]
INDEX   index_name
ON table_name (column_name…)
```

其中，UNIQUE 表示唯一索引，可选；CLUSTERED、NONCLUSTERED 表示是聚集索引还是非聚集索引，可选。

下面的代码是创建索引的 SQL 语句。

```
CREATE UNIQUE CLUSTERED INDEX PK_Product
    ON ProductCode
```

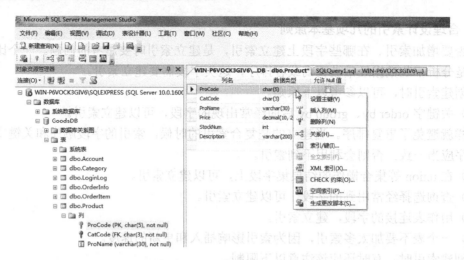

图 6.1.1 创建主键索引

图 6.1.2 设置主键   图 6.1.3 聚集索引

2. 建立"订单信息表"的索引和非聚集索引

在"订单信息表"中,按"订单时间"建立索引,组织方式为非聚集索引。

(1) 用 SSMS 建立索引。

在"对象资源管理器"中展开"GoodsDB"→"表"→"dbo.OrderInfo"→"列"节点,右击"OrderTime"列(图 6.1.4),在弹出的快捷菜单中选择"修改"选项,在如图 6.1.5 所示的窗口中右击名为"OrderTime"的列,在弹出的快捷菜单中选择"索引/键"选项,弹出如图 6.1.6 所示的"索引/键"对话框。单击"添加"按钮,弹出如图 6.1.7 所示的"索引列"对话框,从"列名"下拉列表中选择"OrderTime"选项,设置排序规则。单击"确定"按钮,返回"索引/键"对话框,在该对话框给出的"标识"项下将"名称"改为"ddsj_ind",如图 6.1.8 所示。单击"关闭"按钮,索引建立完毕。

图 6.1.4 列右键快捷菜单   图 6.1.5 "索引/键"选项

项目 6　查询优化和安全管理

图 6.1.6　创建索引

图 6.1.7　设置排序规则

图 6.1.8　索引命名

（2）用 SQL 命令建立索引。

```
CREATE NONCLUSTERED INDEX ddsj_ind
    ON 订单时间
```

六、课堂互动

（1）索引有什么作用？索引有哪几种？
（2）索引是不是多多益善？为什么？
（3）建立索引有哪两种途径？

任务 2　数据库备份与恢复

一、任务背景

小 Q："SQL Server 数据库已经很安全了，为什么仍要进行数据库备份呢？"

老李："是啊，SQL Server 的确采取了各种措施来保证数据库的安全和完整。不过，现实中还存在各种破坏因素，比如计算机本身的故障、硬盘损坏、病毒破坏等，都有可能破坏和丢失数据库中的数据。"

小 Q："也是，在数据库被破坏时，要怎样做，才能将数据库恢复为正常状态呢？"

老李："要恢复数据，首先，要在平时经常对数据库进行备份，一旦需要把数据库从错误的状态恢复为正常状态，就可以借助备份的数据做恢复了。"

小 Q："哦，原来这样啊！"

老李："所以啊，平时注意定期进行备份。数据库管理员的重要工作之一，就是定时进行数据备份、导入/导出工作，这样数据库一旦出现损坏才能在第一时间进行修复。"

二、任务需求

之前的几个项目里，创建了一个数据库 GoodsDB。下面为这个数据库建立一个备份，存放在硬盘上，了解恢复备份的方法。

三、任务分析

要创建数据库备份，一般按照以下步骤进行。
（1）创建一个数据库备份设备。
（2）将数据库备份到该设备中。
数据库恢复时，可用 RESTORE 语句。

四、知识要点

1. 数据库备份

SQL Server 2014 数据库备份的基本原则是，以较小的资源恢复数据。备份的方式和恢复的方式是相对应的。

备份和恢复，除了用于保证数据安全之外，还可以用来将数据库从一个服务器转移到另一个服务器。

SQL Server 2014 提供了 4 种备份方式：完整备份、差异备份、事务日志备份、文件和文件组备份。

（1）完整备份：备份整个数据库，包括事务日志。完整备份要用到比较大的存储空间来保存备份文件，备份需要的时间也比较长，在还原数据时，还原一个备份文件即可。

（2）差异备份：差异备份是在完整备份的基础上，只备份上一次完整备份后修改过的数据。差异备份的数据量较完整数据备份小，备份速度也比完整备份快。因此，差异备份是比较常用的备份方式。在还原数据时，先还原前一次的完整备份，再还原最后一次所做的差异备份，这样把数据库里的数据恢复到与最后一次差异备份时一模一样。

（3）事务日志备份：事务日志备份仅备份事务日志文件。事务日志里存放着最近一次完整备份或事务日志备份后数据库的所有变化的内容。事务日志里记录的是某一时间段内的数据库变化的内容，因此在进行事务日志备份之前，必须进行完整备份。事务日志备份与差异备份相似之处是，事务日志备份文件体积较小、备份时间短。而在用事务日志备份来还原数据时，在还原完整备份之后，要逐个还原每个事务日志备份，而不是只还原最后一个事务日志备份（这是与差异备份不同的地方）。

（4）文件和文件组备份：在创建数据库时，有些数据库会建立多个数据库文件或文件组，在这种情况下，可以使用文件和文件组备份方式。使用文件和文件组备份方式可以只备份数据库中的某些文件，可以单独备份一个或几个文件或文件组，备份大型数据库，减少了备份时间。文件和文件组备份只备份部分数据文件，当数据库里的某些文件损坏时，可以仅还原被损坏的文件或文件组的备份。

2．数据库恢复

当数据库出现故障时，将备份的数据库重新加入到系统中，使数据库恢复为正常状态，这个过程称为数据库恢复。

SQL Server 2014 数据库恢复模式分为 3 种：完整恢复模式、大容量日志恢复模式、简单恢复模式。

（1）完整恢复模式：这是 SQL Server 2014 的默认恢复模式。完整恢复模式将整个数据库恢复到备份时的状态。

（2）大容量日志恢复模式：这种模式是在完整恢复模式的基础上，将完整备份后变化的数据补充进来。这种模式利用了日志记录比较小型的模式，对大容量操作进行恢复，节省了文件的空间。

（3）简单恢复模式。这种模式下，数据库会把不活动的日志删除，简化了恢复过程，但因为没有事务日志备份，有可能会恢复不成功。因此，这种模式仅限于对数据安全要求不太高的数据库进行恢复。

相对于备份操作，数据库恢复是在系统处于非正常状态的情况下进行的操作，要考虑的因素多一些，一般要经过以下两个步骤。

（1）准备工作：包括系统安全检查和备份介质的查验。在恢复时，系统会进行安全性检查、重建数据库和有关文件，以防止发生错误。

（2）进行恢复数据库操作：用图形向导方式或 SQL 语句进行恢复数据库的操作。

五、任务实施

1．使用 SSMS 图形用户界面完成

（1）创建一个磁盘备份设备"D:\backupfile.bak"。

在"对象资源管理器"中，展开"服务器对象"节点，右击"备份设备"，在弹出的快捷菜单中选择"新建备份设备"选项，如图 6.2.1 所示。在弹出的"备份设备"对话框中，在"设

备名称"中输入"backupfile",在"文件"中输入"D:\backupfile.bak",如图 6.2.2 所示,输入完成后,单击"确定"按钮,完成备份设备的创建,如图 6.2.3 所示。

图 6.2.1　新建设备备份

图 6.2.2　输入设备名称

图 6.2.3　完成备份的创建

(2) 将数据库 GoodsDB 完整备份到设备 "backupfile" 中。

启动 SSMS,在对象资源管理器中,右击数据库 "GoodsDB",在弹出的快捷菜单中,选择 "任务→备份" 选项,如图 6.2.4 所示。

在备份数据库窗口中,选择要备份的数据库 "GoodsDB",备份类型选择 "完整" 备份;在备份组件中选 "数据库" 单选按钮;在备份集 "名称" 中输入备份的名称,如图 6.2.5 所示;在 "备份到" 中选中 "磁盘" 单选按钮。

项目 6 　查询优化和安全管理

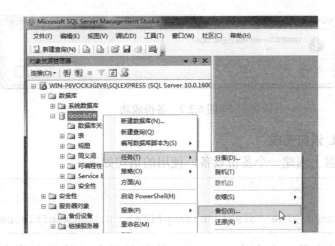

图 6.2.4 　选择"备份"选项

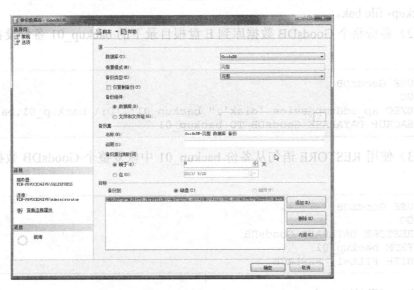

图 6.2.5 　备份参数的设定

在备份数据库窗口下方，单击"添加"按钮，弹出"选择备份目标"对话框，选择"备份设备"为"backupfile"，如图 6.2.6 所示，单击"确定"按钮，回到图 6.2.5 所示的备份数据库窗口，单击"确定"按钮，完成备份过程，如图 6.2.7 所示。

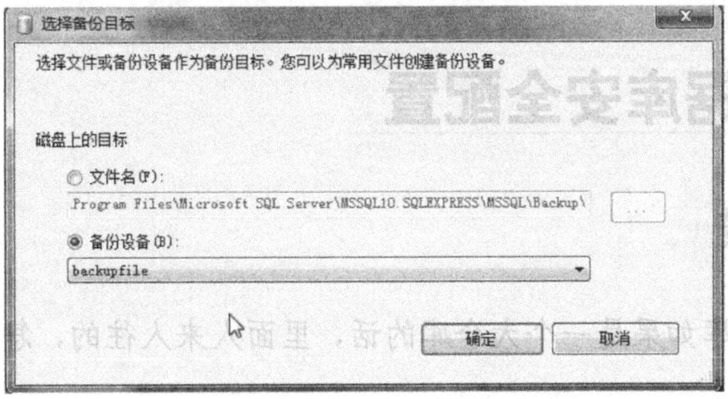

图 6.2.6 　选择备份设备

图 6.2.7　备份成功

2. 使用 T-SQL 语句完成

（1）在本地硬盘上创建一个备份设备，使用的语句如下。

```
USE GoodsDB
GO
EXEC sp_addumpdevice 'disk',"backupfile",'D:\backupfile.bak'
```

上面的语句创建了一个名为'backupfile'的备份设备，该设备指向硬盘备份文件是 D:\backup-file.bak。

（2）备份整个 GoodsDB 数据库到 E 盘根目录下的 backup_01 备份设备中，使用的语句如下。

```
USE GoodsDB
GO
EXEC sp_addumpdevice 'disk'," backup_01",'D:\ backup_01.bak'
BACKUP DATABASE GoodsDB TO backup_01
```

（3）使用 RESTORE 语句从备份 backup_01 中恢复整个 GoodsDB 数据库，使用的语句如下。

```
USE GoodsDB
GO
RESTORE DATABASE GoodsDB
FROM backup_01
WITH FILE=1, REPLACE
```

六、课堂互动

（1）为什么需要备份和恢复功能？
（2）数据库备份和恢复需要哪几个步骤？
（3）备份数据库要考虑哪几个因素？

任务 3　数据库安全配置

一、任务背景

小 Q："SQL 数据库如果是一个大仓库的话，里面人来人往的，怎样分辨谁可以进来，谁又不能进来呢？"

老李：为了不让非法用户进入系统，SQL Server 采用了非常有效的系统安全管理机制，来确保只有合法的用户才能进入系统操作。"

小 Q: "那么 SQL Server 2014 具体是怎么做的呢？"

老李: "首先，SQL Server 对登录的用户要进行身份验证。当用户登录系统时，要对该用户进行账户和密码的验证，确认用户是合法用户并能够访问数据库。"

小 Q: "哦，原来这样啊！"

老李: "还有，SQL Server 还对用户的操作权限做了控制，已经登录的用户，只能在权限范围内进行操作，超越权限进行操作是被系统禁止的。所以，SQL Server 的安全保护措施确实能有效保护数据库的安全。"

二、任务需求

为保障 SQL Server 2014 的安全，维护 SQL Server 正常运行，在系统中建立 Windows 登录用户，以及 SQL Server 登录用户。

Windows 登录用户名为 WinUser，密码为 123456。

SQL Server 登录用户名为 SQLUser，密码为 123456。

三、任务分析

创建 Windows 和 SQL Server 用户，可以参照以下步骤进行。

（1）建立和管理 Windows XP 用户账户，将 Windows 用户加入到 SQL Server 系统中。

（2）建立和管理 SQL Server 用户账户。

四、知识要点

1. SQL Server 2014 的安全机制

SQL Server 2014 有一个功能强大的安全管理机制，能够对用户访问 SQL Server 服务器系统以及数据库的整个过程进行全程安全监督控制，既有利于用户的正常操作，又能防止非法的或者意外的操作，以保证数据库处于安全状态。

SQL Server 2014 登录用户有两种管理方式：一种是验证，另一种是授权。验证指对登录用户的身份进行检查，主要是在用户登录 SQL Server 时进行验证；授权是指允许用户可以干什么，当用户对数据库进行访问或执行指令时，会对用户是否有授权做这些操作进行检查，不允许用户进行未被允许做的操作。

在 SQL Server 2014 数据库管理系统中，当一个用户要对某个数据库进行操作的时候，这个用户必须通过以下验证。

（1）进入 SQL Server 时，需要通过服务器的身份验证。

（2）当对某个数据库进行操作时，该用户必须是这个数据库中的一个用户，又或者是该数据库中某个角色的成员之一。

（3）该用户必须被赋予执行该操作的权限。

2. SQL Server 2014 身份验证模式

当一个用户进入 SQL Server 系统时，第一步就是通过 SQL Server 安全机制的用户登录身份验证。系统通过身份验证,确认该用户是否为系统里的用户。没有身份验证,任何用户都不能连接到 SQL Server 系统。SQL Server 2014 确认用户的身份主要有两种模式:一种是 Windows 验证模式,另一种是 SQL Server 验证模式。

(1)Windows 验证模式:当计算机开机后,用户登录 Windows 时已经经过身份验证,再登录 SQL Server 时就不再需要验证身份了。

(2)SQL Server 验证模式:这种模式下,对进入 SQL Server 的所有用户都要进行身份验证。

(3)Windows 验证模式+ SQL Server 验证模式:这种模式称为混合模式,这种模式下,SQL Server 允许用户用 Windows 身份登录,也允许用户用 SQL Server 用户名进行登录。

3. SQL Server 2014 的角色管理

在 SQL Server 中,角色的使用是为了方便集中赋予用户一组权限,能够将该角色拥有的权限,一次性全部赋予用户。角色有多种类型,包括固定服务器角色、固定数据库角色、用户自定义角色、Public 角色和应用程序角色。

固定服务器角色是 SQL Server 系统定义好的,是不能被添加、修改、删除的,用户和账号只能成为固定服务器角色,而不能改动角色的内容。固定服务器角色是对整个服务器中数据库起作用的,一共有 8 种固定服务器角色,如表 6.3.1 所示。

表 6.3.1 服务器级的角色

服务器级角色名称	说 明
sysadmin	sysadmin 固定服务器角色的成员可以在服务器中执行任何活动
serveradmin	serveradmin 固定服务器角色的成员可以更改服务器范围的配置选项和关闭服务器
securityadmin	securityadmin 固定服务器角色的成员可以管理登录名及其属性。它们可以授予 GRANT、DENY 和 REVOKE 服务器级权限。如果它们具有对数据库的访问权限,则可以授予 GRANT、DENY 和 REVOKE 数据库级权限。此外,还可以重置 SQL Server 登录名的密码。 安全说明:可以授予对数据库引擎的访问权限,以及配置允许安全管理员分配大多数服务器权限的用户权限。securityadmin 角色应被视为与 sysadmin 角色等效
processadmin	processadmin 固定服务器角色的成员可以终止在 SQL Server 实例中运行的进程
setupadmin	setupadmin 固定服务器角色的成员可以添加和删除连接服务器
bulkadmin	bulkadmin 固定服务器角色的成员可以运行 BULK INSERT 语句
diskadmin	diskadmin 固定服务器角色用于管理磁盘文件
dbcreator	dbcreator 固定服务器角色的成员可以创建、更改、删除和还原任何数据库
public	每个 SQL Server 登录名都属于 public 服务器角色。如果未向某个服务器主体授予或拒绝对某个安全对象的特定权限,该用户将继承授予该对象的 public 权限。只有在希望所有用户都能使用对象时,才对对象分配 public 权限

固定数据库角色类似固定服务器角色,是由 SQL Server 定义的,不能做任何修改,而固定数据库角色的作用范围仅限于定义该角色的数据库内部,对其他数据库无效,详细情况如表 6.3.2 所示。

表 6.3.2 数据库级别的角色

数据库级别的角色名称	说　　明
db_owner	db_owner 固定数据库角色的成员可以执行数据库的所有配置和维护活动,还可以删除数据库
db_securityadmin	db_securityadmin 固定数据库角色的成员可以修改角色成员身份和管理权限。向此角色中添加主体可能会导致意外的权限升级
db_accessadmin	db_accessadmin 固定数据库角色的成员可以为 Windows 登录名、Windows 组和 SQL Server 登录名添加或删除数据库访问权限
db_backupoperator	db_backupoperator 固定数据库角色的成员可以备份数据库
db_ddladmin	db_ddladmin 固定数据库角色的成员可以在数据库中运行任何数据定义语言命令
db_datawriter	db_datawriter 固定数据库角色的成员可以在所有用户表中添加、删除或更改数据
db_datareader	db_datareader 固定数据库角色的成员可以从所有用户表中读取所有数据
db_denydatawriter	db_denydatawriter 固定数据库角色的成员不能添加、修改或删除数据库内用户表中的任何数据
db_denydatareader	db_denydatareader 固定数据库角色的成员不能读取数据库内用户表中的任何数据

用户自定义角色只在数据库内定义,定义了角色的功能以后,可以方便地将用户设置为该角色成员。

Public 角色比较特殊,所有数据库用户都会自动成为这个 Public 角色的成员,不能被拒绝成为该角色。所有授予 Public 角色的权限都会完全授予当前数据库的所有用户。

应用程序角色也比较特殊,该角色能让应用程序用程序本身的权限进行操作。通过应用程序角色,可以限制登录 SQL Server 的用户,必须通过应用程序才能访问数据库。

4. SQL Server 2014 的权限管理

数据库的权限是指用户有权对哪些数据库进行操作、用户对数据库有权执行哪些类型的操作。用户拥有的权限是由两种途径赋予的:一种是直接赋予该用户的权限,另一种是用户被赋予的角色所赋予的权限。

对用户的权限进行管理的方式有:授予权限;管理赋予用户权限。

GRANT 命令可授予用户指定权限。命令语法格式如下。

```
GRANT <permission> ON <object> TO <user>
```

授予用户使用某些语句权限:

```
GRANT { ALL | statement [ ,...n ] }
TO security_account [ ,...n ]
```

授予用户操作某些对象的权限:

```
GRANT
{ ALL [ PRIVILEGES ] | permission [ ,...n ] }
{
[ ( column [ ,...n ] ) ] ON { table | view }
| ON { table | view } [ ( column [ ,...n ] ) ]
| ON { stored_procedure | extended_procedure }
```

```
    | ON { user_defined_function }
    }
TO security_account [ ,...n ]
[ WITH GRANT OPTION ]
[ AS { group | role } ]
```

各参数说明如下。

ALL：表示授予所有可用的权限。对于语句的权限，只有 sysadmin 角色成员可以使用 ALL。对于对象权限，sysadmin 和 db_owner 角色成员和数据库对象所有者都可以使用 ALL。

statement：被授予权限的语句。语句包括 CREATE DATABASE、CREATE DEFAULT、CREATE FUNCTION、CREATE PROCEDURE、CREATE RULE、CREATE TABLE、CREATE VIEW、BACKUP DATABASE、BACKUP LOG、SELECT、INSERT、DELETE、UPDATE 等。

TO：指定安全账户列表。

permission：权限的名称。

table：授予权限的表的名称。

stored_procedure：授予权限的存储过程名称。

extended_procedure：授予权限的扩展存储过程名称。

user_defined_function：授予权限的用户自定义函数名。

WITH GRANT OPTION：可以将获得的对象权限再授予其他用户。WITH GRANT OPTION 子句仅对对象权限有效。

拒绝权限：使用 DENY 命令，可以拒绝赋予用户权限，能够防止用户通过其他方式，如赋予角色而拥有权限。

删除权限：使用 REVOKE 命令可以删除已经授予或拒绝的权限。

5. SQL Server 2014 安全机制总结

SQL Server 2014 的安全机制可以分为 3 个阶段：身份验证、授予权限、审核。

其中，身份验证用来确定登录者的身份；授予权限则是确定允许用户能够做些什么；审核是跟踪与安全有关的事件，并在日志中记录下来，用于事后检查。

从用户可以访问系统的对象来看，SQL Server 2014 的访问对象可以分为 3 类，分别是服务器、数据库、数据库中具体对象。

（1）服务器级别的安全机制，负责登录名、服务器中的角色等的安全配置。

（2）数据库级别的安全机制，负责用户、角色、应用程序角色等的安全配置。

（3）数据库对象级别的安全机制，负责的是表、视图、存储过程等的安全配置。

五、任务实施

1. 建立 Windows 验证模式的登录用户名

（1）在 Windows 中创建用户 WinUser。

以 Windows 管理员身份登录 XP，选择"开始→控制面板→管理工具→计算机管理"选项。

在"计算机管理"窗口中，右击"用户"选项，在弹出的快捷菜单中选择"新用户"选项，打开"新用户"窗口。在该窗口中填写用户名"WinUser"、密码"123456"，单击"创建"

按钮，再单击"关闭"按钮，完成新用户 WinUser 的创建。

（2）将 Windows 用户 WinUser 加入到 SQL Server 中。

以 SQL Server 管理员身份登录 SQL Server，在"对象资源管理器"中，选择"登录名"选项，右击"登录名"节点，在弹出的快捷菜单中选择"新建登录名"选项，弹出"选择用户或组"对话框，如图 6.3.1 所示，单击"检查名称"按钮，弹出如图 6.3.2 所示的对话框，单击"立即查找"按钮，在"搜索结果"列表框中找到用户名为"WinUser"的用户，将其添加到 SQL Server 中，如图 6.3.3 所示。

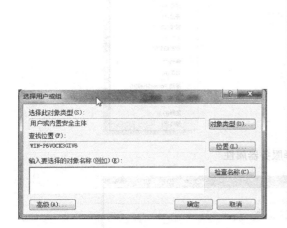

图 6.3.1　选择用户　　　　　　　　　　图 6.3.2　查找用户

在对应登录名属性中，找到"默认数据库"选项，选择 GoodsDB 为默认数据库，在"用户映射"选项卡中，选中 GoodsDB 数据库前的复选框，即可使 WinUser 用户默认访问 GoodsDB 数据库。

设置完成后，单击"确定"按钮，结束 Windows 用户与 SQL Server 2014 之间的身份验证过程，在对象资源管理器中，可以看到 WinUser 已经在登录名列表中了，如图 6.3.4 所示。

图 6.3.3　添加用户完毕　　　　　　　　图 6.3.4　登录名列表

2. 建立 SQL Server 验证模式的登录用户名 SQL User

在建立 SQL Server 验证模式的登录用户名前，先要将验证模式设置为混合模式。

创建 SQL Server 登录用户名的步骤如下：

(1)（注意：如果 SQL Server 已经设置为混合验证模式，则可以跳过本步骤）在 SQL Server Management Studio 中，以系统管理员身份登录，在"对象资源管理器"中选择登录的 SQL Server 服务器并右击，在快捷菜单中选择"属性"选项，打开服务器属性窗口，如图 6.3.5 所示。选择"安全性"选项卡，选择身份验证模式为"SQL Server 和 Windows 身份验证模式"，如图 6.3.6 所示，单击"确定"按钮，完成设置。

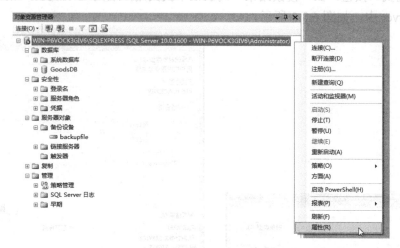

图 6.3.5　选择服务器属性

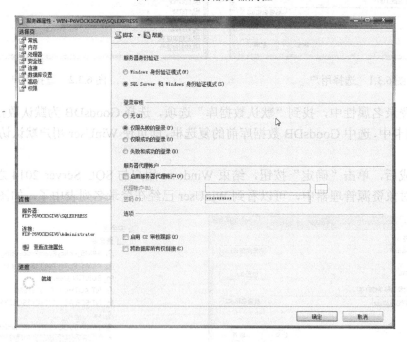

图 6.3.6　服务器属性设置

(2) 打开 SQL Server Management Studio，选择"服务器→安全性"选项，右击"登录名"选项，在快捷菜单中选择"新建登录名"选项，弹出"登录名-新建"对话框，如图 6.3.7 所示，做如下设置：登录名为 SQLUser；密码为 123456。

单击"确定"按钮，完成 SQL Server 登录用户的创建。

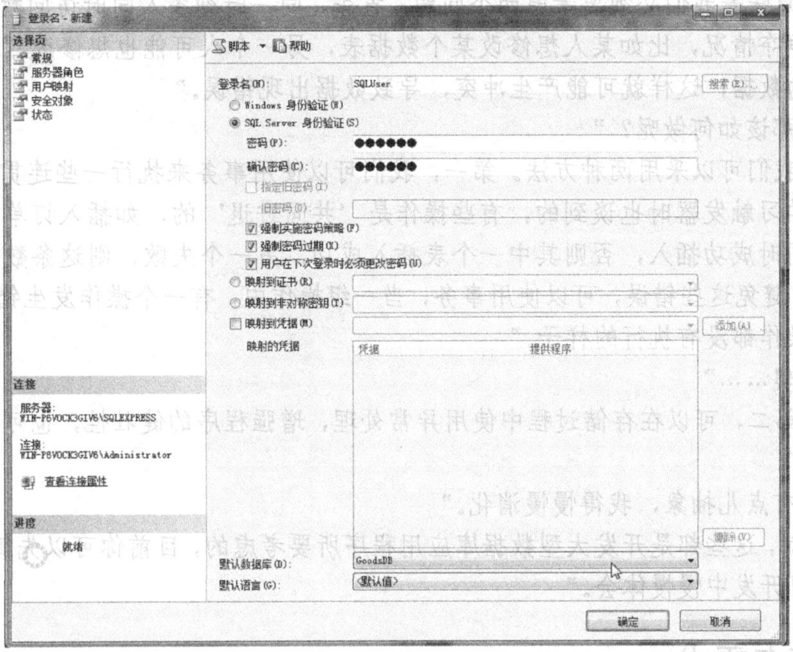

图 6.3.7　新建登录用户

六、课堂互动

（1）怎样创建 Windows 身份验证模式的登录用户名？
（2）怎样创建 SQL Server 身份验证模式的登录用户名？
（3）SQL Server 有哪些方法来保障数据库的安全管理？

任务 4　事务、异常处理、并发控制

一、任务背景

小 Q："经过一学期的数据库学习，我的作业也顺利完成了，老李，您觉得我目前数据库的水平算是什么级别呢？"

老李："这个，我想想，你算是很不错了，完全是高手级别了。"

小 Q："虚伪，老李您可要实话实说，我不怕受打击的。"

老李："呵呵，那我实话说吧，我觉得你算是入门了，能完成一些中小型数据库应用系统的开发任务。"

小 Q："我想知道中小型与大型的区别在哪儿？"

老李："所谓大型除了业务逻辑更加复杂、数据量更多之外，还有一个重要的特点，就是同时访问系统的人数比较多。"

小 Q："同时访问系统人数多意味着什么？"

老李："意味着我们必须要考虑两个问题，首先，同一时刻多人同时访问数据库，这样难免产生资源争夺情况，比如某人想修改某个数据表，另一个人可能也想修改，还有一些人需要读取该表的数据，这样就可能产生冲突，导致数据出现错误。"

小 Q："那该如何做呢？"

老李："我们可以采用两种方法。第一，我们可以使用事务来执行一些连贯的操作。比如之前我们在学习触发器时也谈到的，有些操作是'共同进退'的，如插入订单和订单明细，必须两个表同时成功插入，否则其中一个表插入成功，另一个失败，则这条数据就变成垃圾数据了。为了避免这些错误，可以使用事务，当一组操作中，有一个操作发生错误时，就'回滚'到整组操作都没有执行的样子。"

小 Q："噢……"

老李："第二，可以在存储过程中使用异常处理，增强程序的健壮性，也可以使用锁来进行并发控制。"

小 Q："有点儿抽象，我得慢慢消化。"

老李："对，这些都是开发大型数据库应用程序所要考虑的，目前你可以先简单了解一下，以后可在项目开发中慢慢体会。"

二、任务需求

使用事务和异常处理来提交用户订单。

三、任务分析

增加订单主要分为两步操作，首先是向表 OrderInfo 中插入订单信息，然后向表 OrderItem 中插入订单商品明细，使用事务和异常处理可以大大提高操作的安全性。

四、知识要点

1. 事务

1）事务定义

所谓事务是用户定义的一个数据库操作序列，是一个不可分割的工作单位。它包含的所有数据库操作命令作为一个整体一起向系统提交或撤销，这些操作要么全做，要么全不做。

例如，在关系数据库中，一个事务可以是一条 SQL 语句，或者是一组 SQL 语句或者是整个程序。

2）事务语句

开始事务：BEGIN TRANSACTION。

提交事务：COMMIT TRANSACTION。

回滚事务：ROLLBACK TRANSACTION。

事务通常是以 BEGIN TRANSACTION 开始的，以 COMMIT 或 ROLLBACK 结束，COMMIT 表示提交，即提交事务的所有操作，具体来说就是将事务中所有对数据库的更新写到磁盘上的物理数据中，事务正常结束；ROLLBACK 表示回滚，在事务运行的过程中发生了某种故障，事务不能继续执行时，系统将事务中对数据库的所有已完成的操作全部取消，回滚到事务开始时的状态。

3）事务的特点

事务由若干条 T-SQL 指令组成，并且所有的指令都作为一个整体提交给数据库系统，执行时，这组指令要么全部执行完成，要么全部取消。因此，事务是一个不可分割的逻辑单元。

事务有 4 个属性：原子性（Atomicity）、一致性（Consistency）、隔离性（Isolation）以及持久性（Durability），也称事务的 ACID 属性。

（1）原子性：事务内的所有工作要么全部完成，要么全部不完成，不存在只有一部分完成的情况。

（2）一致性：事务内的操作都不能违反数据库的约束或规则，事务完成时所有内部数据结构都必须是正确的。

（3）隔离性：事务是相互隔离的，如果有两个事务对同一个数据库进行操作，如读取表数据，则任何一个事务看到的所有内容要么是其他事务完成之前的状态，要么是其他事务完成之后的状态。一个事务不可能遇到另一个事务的中间状态。

（4）持久性：事务完成之后，它对数据库系统的影响是持久的，即使是系统错误，重新启动系统后，该事务的结果依然存在。

2．异常控制

在程序中，有时完成一些 T-SQL 语句会出现错误、异常信息。如果想自己处理这些异常信息，需要手动捕捉这些信息，可以利用 TRY…CATCH 完成。

TRY…CATCH 构造包括两部分：一个 TRY 块和一个 CATCH 块。如果在 TRY 块中所包含的 T-SQL 语句中检测到错误条件，控制将被传递到 CATCH 块中（可在此块中处理该错误）。CATCH 块处理该异常错误后，控制将被传递到 END CATCH 语句后面的第一个 T-SQL 语句中。如果 END CATCH 语句是存储过程或触发器中的最后一条语句，控制将返回到调用该存储过程或触发器的代码，将不执行 TRY 块中生成错误的语句后面的 T-SQL 语句。

如果 TRY 块中没有错误，控制将传递到关联的 END CATCH 语句后紧跟的语句中。如果 END CATCH 语句是存储过程或触发器中的最后一条语句，控制将传递到调用该存储过程或触发器的语句中。

TRY 块以 BEGIN TRY 语句开头，以 END TRY 语句结尾。在 BEGIN TRY 和 END TRY 语句之间可以指定一个或多个 T-SQL 语句。CATCH 块必须紧跟 TRY 块。CATCH 块以 BEGIN CATCH 语句开头，以 END CATCH 语句结尾。在 T-SQL 中，每个 TRY 块仅与一个 CATCH 块相关联。

错误处理函数：使用 TRY…CATCH 时，必须在 CATCH 块中对错误进行处理，如果不处理，则 SQL Server 不会给出任何提示，这样不会知道是否有错误发生。

在 CATCH 块中，可以使用下面的这些函数来实现错误处理（这些函数只能用在 CATCH 块中），在其他位置使用时，这些函数返回 NULL 值。

（1）ERROR_NUMBER()：返回错误号。

（2）ERROR_MESSAGE()：返回错误消息的完整文本。此文本包括为任何可替换参数（如长度、对象名或时间）提供的值。

(3) ERROR_SEVERITY()：返回错误严重性。
(4) ERROR_STATE()：返回错误状态号。
(5) ERROR_LINE()：返回导致错误的例程中的行号。
(6) ERROR_PROCEDURE()：返回出现错误的存储过程或触发器的名称。

使用 TRY…CATCH 时，需要注意下述事项。
(1) CATCH 块必须紧跟在 TRY 块之后。
(2) TRY…CATCH 构造可以嵌套。
(3) 严重性为 10 或更低的错误被视为警告或信息性消息，这种错误不会导致处理跳到 CATCH 块（通过 RAISERROR 抛出的自定义错误同样适用于此规则）。参考下面的 T-SQL 代码段进行测试。

```
BEGIN TRY
    -- 业务处理
    RAISERROR('start', 10, 1)      -- 此句不会导致处理转到 CATCH 块
    RAISERROR('warning', 11, 1)    -- 此句会导致处理转到 CATCH 块
    RAISERROR('finish', 10, 1)     -- 故此句不会被执行
END TRY
BEGIN CATCH    -- 错误处理
    SELECT
        ERROR_MESSAGE()  -- 返回 warning
END CATCH
```

3. 锁

1）锁的定义

锁是一种规则，是数据访问控制的一种机制，用来控制同步。当有事务操作时，数据库引擎会要求不同类型的锁定，如相关数据行、数据页或整个数据表，当锁定运行时，会阻止其他事务对已经锁定的数据行、数据页或数据表进行操作。只有在当前事务对自己锁定的资源不再需要时，才会释放其锁定的资源，供其他事务使用。

例如，数据库中的锁就像交通信号灯，而车就是每个事务，如果没有控制好红绿灯，当然就堵车了。

2）锁的由来

大家都知道，数据库的资源只由一个用户使用，只要程序没问题，数据就不会出现不一致的情况。如果两个或者多个用户同时修改一个数据表，就有可能出现并发冲突并导致如下错误。

(1) 更新丢失：更新丢失是指两个用户同时更新一个数据库对象，其中一个用户更新覆盖了之前那个用户的更新从而导致错误。

(2) 不可重复读：一个用户在一个事务中读取的数据前后不一致，其中可能是其他的用户做了修改。

(3) 幻读：一个用户读取一个结果集后，其他用户对该结果集进行了插入或者删除操作，当第一个用户再读这个结果集的时候会发现数据多了或者少了。

为了解决这些问题，SQL Server 数据库引入了锁。

3）锁的分类

从数据库系统的角度来看，锁分为共享锁（S 锁）、排它锁（X 锁，即独占锁）、更新锁（U 锁）、意向锁、架构锁和大容量更新锁等。

（1）共享锁：并发执行对一个数据资源读取操作时，任何其他事务不能修改该资源的数据；读取操作完成后共享锁释放。

（2）排它锁：在执行 INSERT、UPDATE、DELETE 时，确保不会同时对同一资源进行多重更新操作。修改数据之前，需要执行读取操作获取数据，此时需要申请共享锁，然后申请排它锁。

（3）更新锁：为了避免死锁的情况而使用的锁模式。两个事务对一个数据资源先读取再更新的操作，使用了 S 锁和 X 锁进行操作。X 锁一次只有一个 X 锁在对象上，即一次只有一个事务可以获取资源的更新锁。如果需要对数据进行修改操作，则需要把更新锁转换为更新锁，否则将锁转换成 S 锁。

（4）意向锁：需要在层次结构中的某些底层资源上获取 S 锁或者 X 锁或者 U 锁。意向锁可以提高性能，因为数据库引擎不需要检查表中的每行或每页上的 S 锁就确定是否可以获取到该表上的 X 锁。

（5）架构锁：为了防止修改表结构时对表进行的并发访问锁。

（6）大容量更新锁：允许多个线程将数据并发地大容量加载到同一个表中，同时禁止其他与大容量插入数据无关的进程访问该表。

4）并发手段

并发的手段分为乐观并发和悲观并发。

（1）乐观并发：允许事务在执行过程中不锁定任何资源，只有当事务视图修改数据时，才会对资源进行检查。如果确定有冲突，应用程序重新读取数据并修改操作。这是假设冲突不存在，节约了锁的机制。如果遇到并发冲突，则重新执行事务。

（2）悲观并发：在事务中需要使用不同的锁。如果一个用户的某个操作应用了锁，则直到这个锁的所有者释放该锁，其他用户才能执行与该锁冲突的操作。

五、任务实施

任务实施步骤如下。

创建触发器，代码如下。

```
--开始事务
begin transaction sumit_Order;
declare @submit_error int;
    set @submit_error = 0;
    begin try
        declare @orderid int;
        Insert OrderInfo(AccCode,OrderTime)
        values('tom',GETDATE());        --插入订单信息
        set @orderid=@@IDENTITY          --获取订单编号
        --模拟插入订单明细
        Insert OrderItem(OrderId,ProCode,Quantity)
        values(@orderid,'A0201',2);
         Insert OrderItem(OrderId,ProCode,Quantity)
        values(@orderid,'A0202',1);
        set @submit_error = @submit_error + @@error;
    end try
    begin catch
```

```
                print '出现异常，错误编号：' + convert(varchar, error_number()) + ', 错误
消息：' + error_message();
                set @submit_error= @submit_error + 1;
        end catch
    if (@submit_error > 0)
        begin
            --执行出错，回滚事务
            rollback tran;
            print '提交订单出错！';
        end
    else
        begin
            --没有异常，提交事务
            commit tran;
            print '提交订单成功';
        end
```

执行上述代码后的效果如图 6.4.1 所示。

图 6.4.1 执行事务

六、课堂互动

（1）如何理解事务的 ACID 属性？
（2）一个或多个用户同时修改数据表有可能导致什么问题？

拓展实训 6-1 创建索引

【实训目的】
通过 SQL Server Management Studio 管理工具和 T-SQL 命令，在数据库的表中建立索引。
【实训内容】
分别使用 SSMS 管理工具和 T-SQL 命令完成以下操作。

(1)在订单信息表中,分别对总价格(升序)和客户编号(升序)进行索引。
(2)在产品信息表中,对价格进行索引,按降序排序。
(3)在登录日志表中,按IP地址降序排序,进行索引。

【训练要点】

使用管理工具比较容易操作,可以通过右键菜单完成。

(1)在订单信息表中,分别对总价格(升序)和客户编号(升序)进行索引,这两个索引分别建立,如:

```
USE GoodsDB
GO
CREATE INDEX zjg_ind
    ON OrderInfo(TotalPrice)
CREATE INDEX khbh_ind
    ON OrderInfo(AccCode)
```

(2)在产品信息表中,对价格进行索引,按降序排序:

```
USE GoodsDB
GO
CREATE INDEX jg_ind
    ON Product(Price Desc)
```

(3)在登录日志表中,按IP地址降序排序,进行索引:

```
USE GoodsDB
GO
CREATE INDEX IPAddr_ind
    ON LoginLog(IP Desc)
```

拓展实训 6-2　数据库备份与恢复

【实训目的】

熟悉掌握 SQL Server Management Studio 管理工具和 T-SQL 命令工具,进行数据库的备份和恢复。

【实训内容】

分别使用 SSMS 管理工具和 T-SQL 语句完成以下操作。

(1)创建磁盘备份设备,名称为 DiskBackup,存放路径文件名是"D:\DiskBackup.bak"。
(2)将数据库 GoodsDB 完整备份到备份设备 DiskBackup 中。

【训练要点】

使用管理工具比较简单,可以通过右键菜单完成,下面是完成实训所用到的 T-SQL 命令。

(1)在创建备份设备时,如果计算机中没有磁盘 D,则可以根据实际情况改变盘符。

```
USE GoodsDB
GO
EXEC sp_addumpdevice 'disk',"DiskBackup",'D:\DiskBackup.bak'
```

(2)备份是完整备份,当数据库比较大时,会用较长的时间完成备份。

```
USE GoodsDB
GO
BACKUP DATABASE GoodsDB TO DiskBackup
```

拓展实训 6-3　数据库安全配置

【实训目的】

通过 SQL Server Management Studio 管理工具和 T-SQL 命令，对数据库进行安全配置。

【实训内容】

分别使用 SSMS 管理工具和 T-SQL 语句完成以下操作。

（1）将一个现有的 Windows 用户设置成 SQL Server 的验证用户。

（2）在 SQL Server 中创建一个名为 DBuser 的用户，设置该用户可以对 GoodsDB 进行所有操作。

【训练要点】

使用 SQL Server Management Studio 管理工具可以比较方便地设置相关安全选项。

（1）可以选择 Windows 系统已有的一个用户，通过本项目任务 3 中介绍的方法，将该用户设置为 SQL Server 的验证用户。

（2）通过 SQL Server Management Studio 图形界面比较容易完成，使用 T-SQL 命令，注意语句的格式。

拓展实训 6-4　事务和异常处理

【实训目的】

掌握应用事务执行 SQL 语句；掌握异常处理的用法。

【实训内容】

订单删除操作有以下两个步骤。

（1）将该订单的明细从 OrderItem 表中删除。

（2）将该订单信息从 OrderInfo 表中删除。

请应用事务和异常处理来完成订单删除工作。

【训练要点】

事务的语法结构需要显式标记事务的开始位置和结束位置，应用事务的目的在于避免出现异常中止，造成数据孤立或者不一致。

开始事务 BEGIN TRANSACTION：标记事务开始的位置，作为一个整体运行的一组 SQL 语句的开始位置。

提交事务 COMMIT TRANSACTION：将事务中的语句执行结果提交到数据库中保存，标记着事务的终点。

回滚事务 ROLLBACK TRANSACTION：使事务中包含的所有 SQL 语句执行结果回到原点，当做什么都没有发生过，一般来说，回滚操作伴随着异常处理。

拓展实训 6-5 查询优化

【实训目的】

查询操作数据库最常用的操作，不同的查询语句，其执行效率可能差异非常大。本实训通过实际操作掌握查询优化的一些方法和技巧。

【实训内容】

（1）建立一个简单的表，并插入 50 万条数据。参考下面的语句：

```
CREATE TABLE [tTest](
    [nid] [varchar](36) NOT NULL PRIMARY KEY,
    [num] [int] NOT NULL)
go

declare @i int
set @i=1
while @i<=500000
begin
    insert tTest Values(Newid(),cast(floor(rand()*10000) as int))
    set @i=@i+1
end
```

上面的 SQL 语句首先建立了一个 tTest 表，有两个字段，其中一个为字符串类型，长度为 36，设置为主键；另一个为整数类型；然后向该表中插入 50 万条数据，"Newsid()"的作用是创建 uniqueidentifier 类型的唯一值，"cast(floor(rand()*10000) as int)"的作用是产生一个 0～9999 的随机整数。

（2）编写各种查询语句并执行，测试不同查询语句的执行时间。

（3）在 num 字段中设置索引，测试不同查询语句的执行时间。

【训练要点】

编写 SQL 语句，测试和验证以下查询优化技巧。

（1）对查询进行优化，要尽量避免全表扫描，首先应考虑在 where 及 order by 涉及的列上建立索引。在 num 字段上设置索引前后，执行下面的语句对比执行时间。

```
Select nid, num from tTest where num between 1000 and 2000
```

（2）应尽量避免在 where 子句中对字段进行 null 值判断，否则将导致引擎放弃使用索引而进行全表扫描，如：

```
Select nid from tTest where num is null
```

可以在 num 上设置默认值 0，确保表中 num 列没有 null 值，再执行以下语句：

```
Select nid from tTest where num=0
```

（3）应尽量避免在 where 子句中使用!=或<>操作符，否则将引擎放弃使用索引而进行全表扫描。优化器将无法通过索引来确定将要命中的行数，因此需要搜索该表的所有行。

（4）应尽量避免在 where 子句中使用 or 来连接条件，否则将导致引擎放弃使用索引而进行全表扫描，如：

```
Select nid, num from tTest where num=10 or num=20
```

可以这样查询：

```
Select nid, num from tTest where num=10
union all
Select nid, num from tTest where num=20
```

（5）in 和 not in 也要慎用，因为 IN 会使系统无法使用索引，而只能直接搜索表中的数据，如：

```
Select nid, num from tTest where num in(100,101,102,103)
```

对于连续的数值，能用 between 就不要使用 in 了：

```
Select nid, num from tTest where num between 100 and 103
```

（6）应尽量避免在 where 子句中对字段进行表达式操作，这将导致引擎放弃使用索引而进行全表扫描，如：

```
Select nid, num from tTest where num/2 = 100
```

应改为

```
Select nid, num from tTest where num = 100*2
```

```
Select nid, num from tTest where substring(nid,1,3)='1AC'
```

应改为

```
Select nid, num from tTest where nid like '1AC%'
```

即任何对列的操作都将导致表扫描，它包括数据库函数、计算表达式等，查询时要尽可能将操作移至等号右边。

本项目介绍了 SQL Server 的索引、备份数据库数据以及进行数据库安全配置的相关内容，通过本项目任务 1 学习了索引的作用和使用方法；任务 2 学习了数据库备份与恢复的原理和具体方法；任务 3 了解和掌握了数据库安全有关的知识和做法；任务 4 学习了应用事务提交复杂 SQL 操作、使用 TRY…CATCH 进行异常处理，以及数据库中"锁"的概念。

一、选择题

1．下列用于备份数据库的命令是（   ）。

A. cmdshell B. backup database
C. restore database D. bcp

2. 下列用于还原数据库的命令是（ ）。
   A. cmdshell B. backup database
   C. restore database D. bcp

3. 在 SQL 中，建立索引使用（ ）命令。
   A. CREATE SCHEMA B. CREATE TABLE
   C. CREATE INDEX D. CREATE VIEW

4. 在一个表中，通常使用键约束来保证每条记录都是唯一的。用来唯一地标识每行的属性称为（ ）。
   A. 主键 B. 约束 C. 索引 D. 关系

5. 在 SQL Server 中，索引的顺序和数据表的物理顺序相同的索引是（ ）。
   A. 聚集索引 B. 非聚集索引 C. 主键索引 D. 唯一索引

6. 为数据表创建索引的目的是（ ）。
   A. 提高查询的检索性能 B. 创建唯一索引
   C. 创建主键 D. 归类

7. 向用户授予操作权限的 SQL 语句是（ ）。
   A. CREATE B. REVOKE C. SELECT D. GRANT

8. 在默认条件下，任何数据库用户都至少是（ ）角色。
   A. Sysadmin B. Guest C. Public D. DBO

9. SQL Server 支持在线备份，但在备份过程中，不允许执行的操作是（ ）。
   （1）创建或删除数据库文件 （2）创建索引
   （3）执行非日志操作 （4）自动或手工缩小数据库或数据库文件的大小
   A.（1） B.（1）、（2）
   C.（1）、（2）、（3） D.（1）、（2）、（3）、（4）

10. 系统管理员 sa 对数据库做了如下备份：
1:30 执行了完整备份；2:30 执行了日志备份；3:30 执行了差异备份。
现在要恢复数据到 3:30 的状态，操作步骤是（ ）。
   A. 直接恢复差异备份
   B. 先恢复完整备份，再恢复日志备份
   C. 先恢复日志备份，再恢复差异备份
   D. 先恢复完整备份，再恢复差异备份

二、填空题

1. SQL Server 2014 的身份验证机制有_____和_____两种。
2. SQL Server 安装好后，会自动生成一个用户 sa，该用户具有_____权限。
3. 备份设备最终也是以_____形式体现的。文件的扩展名为_____。
4. 索引是对表中的一个或多个列的值进行_____的结构。可以利用索引提高对数据库表中的特定信息的_____。
5. 在 SQL Server 中，索引的顺序和数据表的物理顺序不相同的索引是_____。

6. SQL Server 中索引类型有 3 种，分别是_____，_____和_____。

三、问答题

1. 简述什么是备份设备？备份有几种类型？
2. 什么是日志文件？为什么要设立日志文件？
3. SQL Server 2014 安全管理机制是怎样的？
4. SQL Server 提供了哪两种身份验证模式？对这两种模式做简要说明。
5. 如何理解事务的 ACID 属性？
6. 如果两个或者多个用户同时修改一个数据表可能会引发什么问题？

附录 A 习题参考答案

项目 1

一、选择题

1．D 2．D 3．B 4．A 5．C 6．C 7．C 8．C 9．A 10．C
11．C 12．C 13．B 14．C 15．B 16．C

二、填空题

1．课程号，学号，课程号、学号、成绩，课程号、学号

2．一对一，一对多，多对多

三、问答题

1．举例说明什么是一对多关系。

答：公司的员工与部门之间是一对多关系，一个部门有多个员工，但一个员工只能属于某一部门。

2．举例说明什么是多对多关系。

答：学生与课程之间是多对多关系，一个学生可以选修多门课程，一门课程也可以被多名学生选修。

3．数据库设计一般包含哪几个阶段？

答：需求分析、概念结构设计、逻辑结构设计、数据库物理设计、数据库实施、数据库运行和维护。

4．E-R 图如图 A.1.1 所示。

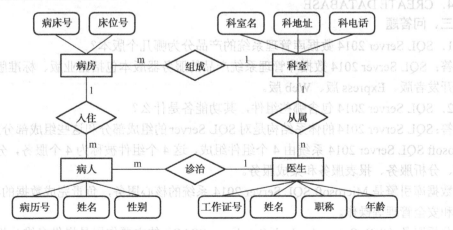

图 A.1.1 病房管理的 E-R 图

E-R 图转换为关系模型后如下：
科室(*科室名，科地址，科电话)
病房(*病房号，床位号，科室名)
医生(*工作证号，姓名，职称，年龄，科室名)
病人(*病历号，姓名，性别，主管医生，病房号)
说明："*"字段为关键字，下画线字段为外键。

5．E-R 图如图 A.1.2 所示。

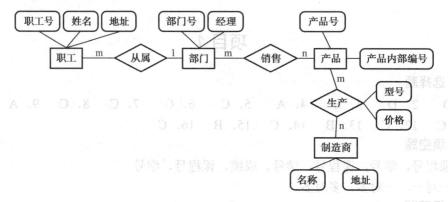

图 A.1.2　销售部门子系统 E-R 模型

项目 2

一、选择题

1．A　2．C　3．C　4．A　5．B　6．B　7．A　8．B　9．C　10．B

二、填空题

1．.mdf，.ldf

2．master

3．多

4．CREATE DATABASE

三、问答题

1．SQL Server 2014 数据库管理系统的产品分为哪几个版本？

答：SQL Server 2014 数据库管理系统产品的服务器版本包括企业版、标准版、商业智能版、开发者版、Express 版、Web 版。

2．SQL Server 2014 包含哪些组件，其功能各是什么？

答：SQL Server 2014 的体系结构是对 SQL Server 的组成部分和这些组成部分之间的描述。Microsoft SQL Server 2014 系统由 4 个组件组成，这 4 个组件被称为 4 个服务，分别是数据库引擎、分析服务、报表服务和集成服务。

数据库引擎是 Microsoft SQL Server 2014 系统的核心服务，负责完成数据的存储、处理、查询和安全管理等操作。

分析服务（SQL Server Analysis Services，SSAS）的主要作用是提供多维分析和数据挖掘功能。

报表服务（SQL Server Reporting Services，SSRS）为用户提供了支持 Web 方式的企业级报表功能。

集成服务（SQL Server Integration Services，SSIS）是一个数据集成平台，负责完成有关数据的提取、转换和加载等操作。

3．SQL Server 2014 支持哪两种身份验证？

答：Windows 身份验证或混合模式身份验证。

项目 3

一、选择题

1．B　2．A　3．C　4．B　5．C　6．C　7．B　8．A

9．A　10．B　11．D　12．B

二、填空题

1．外键

2．一对一，一对多

3．CHECK 约束，UNIQUE 约束，FOREIGN KEY 约束，PRIMART KEY 约束

4．ALTE-R DATABASE

5．表，字段

三、问答题

1．什么是数据的完整性？完整性有哪几种？

答：数据完整性指存储在数据库中的数据正确无误并且相关数据具有一致性。它是应防止数据库中存在不符合语义规定的数据和防止因错误信息的输入/输出造成无效操作或错误信息而提出的。数据完整性分为 4 类：实体完整性、域完整性、参照完整性、用户自定义的完整性。

2．DEFAULE 约束的特点是什么？

答：默认约束指定在插入操作中如果没有提供输入值，则 SQL Server 系统会自动为该列指定一个值。默认约束可以包括常量、函数、不带变元的内建函数或者空值。

使用默认约束时，应该注意以下几点：每个字段只能定义一个默认约束；如果定义的默认值长于其对应字段的允许长度，那么输入到表中的默认值将被截断；不能为带有 IDENTITY 属性或者数据类型为 TimeStamp 的字段添加默认约束；如果字段定义为用户定义的数据类型，而且有一个默认绑定到这个数据类型上，则不允许该字段有默认约束。

项目 4

一、选择题

1．A　2．C　3．B　4．C　5．B　6．C　7．B　8．C　9．B　10．D

二、填空题

1．into，from，order by

2．MAX()，MIN()，AVG()，SUM()，COUNT()

3．左连接，右连接，内连接

三、问答题

1．简述 SELECT 语句的各个子句的作用。

答：SELECT 语句中的子句顺序非常重要。可以省略可选子句，但这些子句在使用时必须按适当的顺序出现。它们在 SELECT 查询语句中的排列顺序及主要作用如下。

Select:	从指定表中取出指定列的数据。
From:	指定要查询操作的表。
Where:	用来规定一种选择查询的标准。
Group by:	对结果集进行分组，常与聚合函数一起使用。
Having:	对查询的结果进行筛选。
Order by:	对查询的结果进行排序。

如果在同一个 SELECT 查询语句中，使用到了这些查询子句，则各查询子句的排列应依照它们的顺序由低到高进行排序。

2．数据检索时使用 COMPUTE 和 COMPUTE BY 子句产生的效果有何不同？

答：COMPUTE BY 子句可以在结果集内生成控制中断和小计，得到更详细的或总的记录。它把数据分成较小的组，然后为每组建立详细记录结果数据集（如 SELECT），也可为每组产生总的记录（如 GROUP BY）。在 COMPUT BY 中，定义 BY 子句不是必要的。如果没有定义 BY 子句，则认为整个表为一个组，并且只有两个结果数据集产生，一个拥有所有的详细记录，另一个只有一行，即拥有总记录。

项目 5

一、选择题

1．B　2．D　3．C　4．B　5．A　6．B　7．D　8．D　9．D
10．B　11．B　12．A　13．D　14．D　15．C　16．D　17．C

二、问答题

1．什么是存储过程？简述其分类。

答：存储过程是一组为了完成特定功能的 SQL 语句的集合，经编译后存储在数据库中，用户通过指定存储过程的名称并给出参数来执行。

SQL Server 提供了 3 种存储过程：系统存储过程、用户自定义存储过程、扩展存储过程。

2．T-SQL 的注释方式有哪些？

答：注释方式如下。

（1）注释符"--"用于单行注释：使用双连字符"--"作为注释符时，从双连字符开始到行尾的内容都是注释内容。这些注释内容既可以与要执行的代码处于同一行，也可以另起一行。双连字符"--"注释方式主要用于在一行中对代码进行解释和描述。

（2）注释符"/**/"，用于注释多行文字：在"/*...*/"注释方式中，开始注释符号"/*"和结束注释符号"*/"之间的所有内容均视为注释。这些注释字符既可用于多行文字，也可以与执行的代码处在同一行。

3．什么是视图？SQL Server 提供了哪些方法建立视图？

答：视图是虚拟表，其内容由查询定义。同真实表一样，视图包含一系列带有名称的列和行数据，视图不真正存储数据，数据在引用视图时动态生成。

可以通过 SSME 和 T-SQL 两种方法建立视图。

4．如何启用或禁用数据库 TestDB 的 trg_test 触发器？

答：启用 TestDB 触发器时使用命令 enable trigger tgr_test on TestDB；

禁用 TestDB 触发器时使用命令 disable trigger tgr_test on TestDB；

5．简述全局变量@@E-RROR、@@ROWCOUNT、@@IDENTITY 的作用。

答：@@E-RROR 用于返回最后执行的 T-SQL 语句的错误代码。

@@ROWCOUNT 用于返回受上一语句影响的行数，任何不返回行的语句可将这一变量设置为 0。

@@IDENTITY 用于返回最后插入的标识值。

项目 6

一、选择题

1．B 2．C 3．C 4．A 5．A 6．A 7．D 8．C 9．D 10．C

二、填空题

1．Windows 身份验证，混合身份验证

2．所有

3．文件，.bak

4．排序，访问速度

5．非聚集索引

6．唯一索引，聚集索引，非聚集索引

三、问答题

1．简述什么是备份设备？备份有几种类型？

答：备份设备是磁带机或磁盘上的文件。"磁盘备份设备"是硬盘或其他存储媒体上的文件，与操作系统的文件一样。引用磁盘备份设备与引用任何其他操作系统文件一样。可以在服务器的本地磁盘上或共享网络资源的远程磁盘上定义磁盘备份设备，磁盘备份设备根据需要可大可小。最大文件的大小可以相当于磁盘上可用的磁盘空间。

备份分为完整备份、差异备份、事务日志备份、文件和文件组四种。

2．什么是日志文件？为什么要设立日志文件？

答：（1）日志文件是用来记录事务对数据库的更新操作的文件。

（2）设立日志文件的目的是进行事务故障恢复；进行系统故障恢复；协助后备副本进行介质故障恢复。

3．SQL Server 2014 安全管理机制是怎样的？

答：SQL Server 2014 的安全管理模型中包括 SQL Server 登录、数据库用户、权限和角色 4 个主要方面，具体如下。

（1）SQL Server 登录：要想连接到 SQL Server 服务器实例，必须拥有相应的登录账户和密码。身份认证系统验证用户是否拥有有效的登录账户和密码，从而决定是否允许该用户连接到指定的 SQL Server 服务器实例。

（2）数据库用户：通过身份认证后，用户可以连接到 SQL Server 服务器实例。但是，这并不意味着该用户可以访问到指定服务器上的所有数据库。在每个 SQL Server 数据库中，都

存在一组 SQL Server 用户账户。登录账户要访问指定数据库，就要将自身映射到数据库的一个用户账户上，从而获得访问数据库的权限。一个登录账户可以对应多个用户账户。

（3）权限：权限规定了用户在指定数据库中所能进行的操作。

（4）角色：类似于 Windows 的用户组，角色可以对用户进行分组管理。可以对角色赋予数据库访问权限，此权限将应用于角色中的每一个用户。

4．SQL Server 提供了哪两种身份验证模式？对这两种模式做简要说明。

答：SQL Server 提供了以下两种身份验证模式。

（1）Windows 身份验证模式。

当用户通过 Windows 用户账户进行连接时，SQL Server 通过回叫 Windows 系统以获得信息，重新验证账户名和密码。

SQL Server 通过使用网络用户的安全特性控制登录访问，以实现与 Windows 的登录安全集成。用户的网络安全特性在网络登录时建立，并通过 Windows 域控制器进行验证。当网络用户尝试连接时，SQL Server 使用基于 Windows 的功能确定经过验证的网络用户名。SQL Server 会验证此人是否符合要求，然后只基于网络用户名允许或拒绝登录访问，而不要求单独的登录名和密码。

（2）混合模式（Windows 身份验证和 SQL Server 身份验证）。

SQL Server 可以设置 SQL Server 登录账户。用户登录时，SQL Server 将对用户名和密码进行验证。如果 SQL Server 未设置登录账户或密码不正确，则身份验证将失败，而且用户将收到错误信息。

5．如何理解事务的 ACID 属性？

答：事务有 4 个属性：原子性（Atomicity）、一致性（Consistency）、隔离性（Isolation）以及持久性（Durability），也称为事务的 ACID 属性。

（1）原子性：事务内的所有工作要么全部完成，要么全部不完成，不存在只有一部分完成的情况。

（2）一致性：事务内的操作都不能违反数据库的约束或规则，事务完成时内部数据结构都必须是正确的。

（3）隔离性：事务是相互隔离的，如果有两个事务对同一个数据库进行操作，如读取表数据，则任何一个事务看到的所有内容要么是其他事务完成之前的状态，要么是其他事务完成之后的状态。一个事务不可能遇到另一个事务的中间状态。

（4）持久性：事务完成之后，它对数据库系统的影响是持久的，即使是系统错误，重新启动系统后，该事务的结果依然存在。

6．如果两个或者多个用户同时修改一个数据表可能引发什么问题？

答：如果两个或者多个用户同时修改一个数据表，则有可能出现并发冲突并导致如下错误。

（1）更新丢失：更新丢失指两个用户同时更新一个数据库对象，其中一个用户更新覆盖了之前那个用户的更新从而导致错误。

（2）不可重复读：一个用户在一个事务中读取的数据前后不一致，其中可能是其他的用户做了修改。

（3）幻读：一个用户读取一个结果集后，其他用户对该结果集进行了插入或者删除，当第一个用户再读这个结果集的时候会发现数据多了或者少了。

附录 B 某大型软件公司数据库设计规范

数 据 库 设 计 规 范

V00.1.2

历史版本

版本	类型	日期	作者	说明
V00.1.0	新建	2016-2-22		通过一些文档修改而成，还需要讨论确定
V00.1.2	补充	2016-4-6		1. 添加数据库建表时的参数约束。 2. 提供部分 SQL 语句优化方式

目　录

1 数据库命名约定 ·· 176
　1.1 规则 ··· 176
　1.2 项目模块 ··· 176
　1.3 表名 ··· 176
　1.4 列名 ··· 176
　1.5 视图名 ·· 176
　1.6 触发器名 ··· 177
　1.7 存储过程名 ·· 177
　1.8 函数名称 ··· 177
　1.9 变量名 ·· 177
　1.10 自定义数据类型、默认、规则命名原则 ······················ 177
　1.11 主键及外键关系、索引命名原则 ································· 177
　1.12 序列命名原则 ·· 178
　1.13 命名中其他注意事项 ·· 178
　1.14 字段 NULL 值强制默认一览表 ································· 178
2 SQL 书写格式 ·· 179
　2.1 注释 ··· 179
　2.2 排版 ··· 179
3 事务处理 ··· 180
4 安全性设计 ··· 180
5 优化设计 ··· 181
　5.1 索引的使用 ·· 181
　5.2 严禁使用的 SQL ·· 182
　5.3 需要慎重使用的 SQL ·· 182
　5.4 大量装载数据的注意事项 ·· 183
　5.5 尽量减少多表连接的操作 ·· 183
　5.6 SQL 语句优化 ·· 183
　5.7 建表、索引及关键字时参数的使用 ······························ 184
6 附录 ··· 184
　6.1 过程描述规则 ··· 184
　6.2 数据库设计文档格式 ··· 187

数据库设计规范

1 数据库命名约定

1.1 规则

（1）命名以有意义的英文词汇、多个单词组成，中间以下画线分割。

（2）除数据库名称长度为 1~8 个字符之外，其余为 1~30 个字符，Database link 名称也不能超过 30 个字符。

（3）命名只能使用英文字母、数字和下画线。

（4）避免使用数据库的保留字和关键字，如 Table、Create 等。

1.2 项目模块

编号	名称	英文	缩写
1	系统初始化	System Initialization	SI
2	用户管理	User Manage	UM
3	…		
4	…		

注意：判别某类对象属于哪个模块时，通常考虑数据的生成所属的模块、模块对该对象的访问频度及该对象的用途等。

1.3 表名

大写，以子系统和模块名的缩写命名。命名时参照需求分析和系统词汇表。

例如，用户管理的用户信息表 User Information，可以命名为 **UM_Add_Info** 或者 **UM_UserInfo**。

1.4 列名

大写，命名时参照需求分析和系统词汇表。多个单词组成一个字段用下画线分开，可以简写。

例如，客户联系地址 Customer Address，可以命名为 **Cust_Address** 或者 **Cust_Addr**。

1.5 视图名

大写，以 V 作为前缀，然后加上子系统和模块名的缩写命名，命名应尽量体现各视图的功能。

例如，**V_UM_UserInfo_Contact**。

第 4 页　第 17 页

1.6 触发器名

大写，以 TRI 作为前缀，然后加上表名，再加上触发的动作。insert 缩写为 I；update 缩写为 U；delete 缩写为 D。

例如，**TRI_UM_ADDUSE-R_IU**。

1.7 存储过程名

大写，以 P 作为前缀，然后加上子系统和模块名的缩写命名，再加上功能说明。后续部分主要以动宾形式构成，并用下画线分割各个组成部分。注意，应尽量描述存储过程的功能。

常用动词缩写如下：
Search—SCH，
Update—UPT，
Get—GET。

例如，**P_UM_UPT_USE-R**。

1.8 函数名称

大写，以 FN 作为前缀，后续部分主要以动宾形式构成，并用下画线分割各个组成部分。注意，应尽量描述其功能。

例如，**FN_PARTSTR_COMPANY**（分解公司名称字符串）。

1.9 变量名

变量 V_、参数 P_。
例如，**P_CUST_ID**。

1.10 自定义数据类型、默认、规则命名原则

自定义数据类型：UD_。
默认：DF_，对于非绑定的默认可取系统默认的名称。
规则：RU_，对于非绑定规则（约束）可取系统默认的名称。

1.11 主键及外键关系、索引命名原则

主键：PK_表名。
外键关系：FK_主表_从表。
索引：IDX_表名_列名，复合索引列名间用_隔开。

1.12 序列命名原则

SEQ_表名_字段名。

1.13 命名中其他注意事项

以上命名都不得超过 30 个字符的系统限制。

变量名的长度限制为 29。

1.14 字段 NULL 值强制默认一览表

数据类型	默认值
Bigint	0
Binary	null
Bit	0
Char	""
Datetime	"1900-01-01"
decimal	0
Float	0
Image	""
Int	0
Money	0
Nchar	""
Numeric	0
Nvarchar	0
Real	0
SmallMoney	0
Text	""
TimeStamp	
Tinyint	0
Varbinary	""
Varchar	""

2 SQL 书写格式

2.1 注释

（1）注释以中文为主。

（2）注释尽可能详细、全面，并且将注释放在实现代码的前面，不要集中放在对象的开始。

（3）每一数据对象的前面应具体描述该对象的功能和用途。传入参数的含义应该有所说明。如果取值范围确定，也应该一并说明。取值有特定含义的变量（如 boolean 类型变量和枚举类型变量），应给出每个值的含义。

（4）注释语法包含两种情况：单行注释、多行注释。

（5）注释简洁，同时应描述清晰。

（6）注释举例：编写函数、触发器、存储过程以及其他数据对象时，必须为每个对象增加适当注释。该注释以多行注释为主，主要结构如下（作者可以适当增减）。

```
-- ---------------------------------------------------
-- Program:TRI_SYS_ADD_USE-R
-- Author:Gavel
-- Date Created:2016.06.05 16:50:00
-- Company:******公司
-- ---------------------------------------------------
-- Description:增加一个用户时自动添加权限表
-- Change Log:
-- 2016.06.05 V1.0     创建          By Gavel
-- 2016.06.15 V2.0     修改Bug       By Tom
-- ---------------------------------------------------
```

2.2 排版

（1）程序块要采用缩进风格编写，缩进的空格可根据实际情况进行调整，总的原则是使代码清晰可读。

示例：
```
if exists (select 1
           from SYSOBJECTS
           where NAME='ROLE'
           and TYPE='U')
    drop table role
```

（2）相对独立的程序块之间、变量说明之后必须加空行。

（3）较长的语句（>80字符）要分成多行书写，长表达式要在低优先级操作符处划分新行，操作符或关键字放在新行之首，划分出的新行要进行适当的缩进，使排版整齐，语句可读。

示例：
```
update SALARY_HISTORY
    set CHANGE_DATE='09/08/98',UPDATER_ID='admin'
    where not UPDATER_ID in ('admin2');
```

（4）循环、判断等语句中若有较长的表达式或语句，则要进行适当的划分，长表达式要在低优先级操作符处划分新行，操作符或关键字放在新行之首。

（5）若函数或过程中的参数较长，则要进行适当的划分。

示例：
```
create table APPEALINFO
(
    SERIALNUMBER1    varchar(20)    not null,
    SERIALNUMBER2    varchar(20)    not null,
    SERIALNUMBER3    varchar(20)    not null,
    SERIALNUMBER4    varchar(20)    not null
)
```

（6）只使用空格键，不要使用Tab键。

说明：以免用不同的编辑器阅读程序时，因Tab键所设置的空格数目不同而造成程序布局不整齐。

3 事务处理

（1）事务是SQL语句的一个序列，对事务的改变通过commit语句成为永久的变化，部分或全部事务可以由rollback语句撤销。任何一个事务在运行过程中都要消耗一定的系统资源，如内存、回滚空间、磁盘空间等。在开发数据库应用软件的过程中，要注意正确估算相关事务的大小，对过大的事务操作采取必要的措施。

（2）明确事务的时间长短，要求事务在该时间内完成。

（3）明确对事务的要求高低：如果对事务要求较高，对commit语句要判断执行是否正确，发现commit语句执行不正确时要进行提示或记录。如果对事务要求较低，对commit语句不要判断执行是否正确，因为执行不正确也没有解决方法。对roolback不用判断。

（4）明确事务书写的规则：事务和存储过程的关系——存储过程中包含事务，还是事务中包含存储过程。同样，要明确事务和中间件的关系、事务和函数的关系。

（5）明确是否使用事务嵌套：有的数据库支持事务嵌套，有的数据库不支持事务嵌套。在设计时要明确整个系统是否使用事务嵌套。

（6）某些复杂的事务提交需要与涉及文件系统的某过程同时提交，此时，需要分析事务与过程的关系，决定提交的次序和错误恢复的策略。

4 安全性设计

（1）数据库用户一定要通过操作系统、网络服务、数据库进行身份确认。

（2）如果用户是通过数据库进行用户身份确认的，那么建议使用密码加密的方式与数据库进行连接。

（3）数据库开发者不能将数据库登录密码直接写在其开发源代码中。

5 优化设计

下面的情况针对的是大数据量，在数据量小的时候，下面的约定没有必要，例如，小表扫描比使用索引消耗的资源还小。

为了提高 SQL 语句执行的速度，减少阻塞和死锁，提高请求的响应时间，请遵照如下约定。

5.1 索引的使用

在 SQL 的写法中，所有大范围数据内的搜索记录，必须有合适的索引来匹配，否则会引起长时间的表扫描锁定。这是所有系统性能低下的最基本的根源。请为每一个 SQL 语句设计合适的索引，当系统开始设计没有索引时请向项目经理申请增加。

（1）对于取值不能重复的、经常作为查询条件的字段，应该建立唯一索引：**unique index**。

示例：

create unique index my_unique_idx on myTable (id);

（2）对于经常作为查询条件的字段，其值可以不是唯一的，则应该建立可重复索引：**index**。

示例：

create index my_dup_idx on myTable(name);

（3）尽量避免以索引的一部分作为查询的条件。

示例：某表的建立 SQL 语句为

create table myTable(id int, name char(8), age int,

                   primary key(id, name))

即表 myExample 是以 id 和 name 共同组成 Primary Key。

下面方式的查询语句效率很好：

select ... from myTable where id= .... and name =....

而如果仅仅以 Primary Key 的一部分作为条件，则没有起到 KEY 的作用。

例如，下面两条 SQL 语句查询效率很低：

select ... from myTable where id=....

select ... from myTable where name=...

以上两条 SQL，数据库系统将会使用顺序扫描，从而导致效率低下。

（1）组合索引要尽量使关键查询形成索引覆盖，其前导列一定是使用最频繁的列。

（2）经常同时存取多列，且每列都含有重复值时可考虑建立组合索引。

（3）有大量重复值、且经常有范围地查询（between、>、<、>=、< =）和 order by、group by 发生的列时，可考虑建立群集索引。

5.2 严禁使用的 SQL

在大范围的数据情况下，下面的用法应坚决杜绝使用。

（1）光标：大数据范围的循环，Oracle 不能很好地支持，会导致系统性能严重下降。

（2）函数：函数同光标一样，只能一行行地执行，效率也非常低。

（3）"!="，"!>"，"!<"，"NOT"，"NOT EXISTS"，"NOT IN"，"NOT LIKE"，like '%aaa%' 等比较运算，它们都不会做索引，坚决反对使用。

（4）不得创建没有作用的事务：事务的启动需要一定的资源，请不要乱用，如产生报表时。

（5）Select Into 创建表：请使用显式定义 Create table，不要在事务里创建表和临时表。

（6）在 Where 字句中，Oracle 的函数和字段一定要分离。不得使用如下写法：

where   Convert(varchar(10),fdate,112) = '2016-09-06'

where   Substring(PNO,4,3) = '001'

它们都是表完全扫描。

5.3 需要慎重使用的 SQL

下面这些语句容易对服务器造成额外的负担，如 Order by 消耗了大量的 CPU 资源。所以要避免采用，但并不是不能使用。有时需要将结果集排序显示，此时必须用到 Order by，但不要用多余的 Order by。

（1）Order By：消耗了内存和 CPU，在 Temp 中完成操作。

（2）Group By：同 Order BY。

（3）Having：同 Order BY。

（4）Distinct：同 Order BY。

（5）Union（尽量用 Union All）：同 Order BY。

(6) in：没有 Between 快。

(7) 视图：尽量少用。

(8) SELECT COUNT(*)：使用 Exists 更好。

5.4 大量装载数据的注意事项

（1）大批量装载数据的时候，如果有可能，尽量把数据库设置为非日志方式。装载数据完成以后，再把数据库恢复成原来的方式。

（2）大批量装载数据的时候，尽量把内存参数、数据同步的参数设置得大一些。

（3）大批量装载数据的时候，避免使用 insert 语句，而应该使用数据库提供的装载工具或者采用游标 insert 方式来实现。

5.5 尽量减少多表连接的操作

说明：多表连接的操作一般效率较差，在联机事务处理（OLTP）的应用中，应该尽量避免多表连接的操作，尽量避免建立多表的关系。

示例：
```
select S.STOCK_NUM , S.MANU_CODE , C.UNIT_PRICE , C.UNIT
    from STOCK S, CATALOG C
    where S.STOCK_NUM = C.STOCK_NUM
    and S.MANU_CODE = C.MANU_CODE
    and S.MANU_CODE in ('HRO', 'HSK')
```

5.6 SQL 语句优化

说明：SQL 语句编写的好坏直接影响了系统性能，并增加了数据库的负荷。SQL 优化的实质就是在结果正确的前提下，用优化器可以识别的语句，充分利用索引，减少表扫描的 I/O 次数，尽量避免表搜索的发生。

（1）任何对列的操作都将导致表扫描，它包括数据库函数、计算表达式等，查询时要尽可能将操作移至等号右边。

（2）in、or 子句常会使用工作表，使索引失效；如果不产生大量重复值，则可以考虑把子句拆开；拆开的子句中应该包含索引。

（3）多条件查询时，应根据最优化原则，指定要应用的索引，屏蔽非索引字段。
```
        SELECT     /*+ INDEX(DF_ACCOUNTS,IND_JS_CNJ)*/    CNJ,ZJE    FROM
DF_ACCOUNTS
        WHE-RE  QH=FQH   AND  SH=FSH   AND  YF=C.YF   AND   YHBH=C.YHBH   AND
GDH||''=C.GDH;
```

5.7 建表、索引及关键字时参数的使用

新建表、索引及关键字时，应带有相关参数（可参见 Oracle 建表参数解释.doc）：

```
create table DF_CSDFYB
(
  QH    VARCHAR2(2),
  SH    VARCHAR2(4),
  SFD   VARCHAR2(4),
  YF    VARCHAR2(6),
  CSHS  NUMBE-R(14))
PCTFREE 20
INITRANS 2
MAXTRANS 255
TABLESPACE GZYD
STORAGE(INITIAL 1M NEXT 5M MINEXTENTS 1 MAXEXTENTS 2048 PCTINCREASE 0 BUFFE-R_POOL DEFAULT)
LOGGING
```

（1）建议 PCTINCREASE 参数设置为 0，可使碎片最小化，使每一个 Extent 都相同（等于 NEXT 值）。

（2）如果一个表无频繁删除、修改操作，建议 PCTFREE 参数应适当小一些，如有频繁删除、修改操作，则可适当调高，如以上格式。

（3）根据表数据量的大小及将来的扩充，将 STORAGE 中 INITIAL、NEXT 设置合理，保证该表数据尽量保持在同一块区，保证查询速度，减少 I/O 资源损耗。

（4）建立索引和关键字时，指定特定专用的表空间，这样在处理数据时就可以充分利用磁盘 I/O，使数据和索引在不同的 I/O 上进行，以提高访问速度。

6 附录

6.1 过程描述规则

过程名 Pro_name：Pro_子系统缩写_功能点，名称应尽量简洁、易懂，如 Pro_Ec_Charge。

函数名 Fun_Name：Fun_子系统缩写_功能点。

包名：Pack_Name：Pack_子系统缩写_功能点。

```
CREATE  PROCEDURE Pro_Name(pi_name1   IN VARCHAR2,
--参数说明1,传入参数以 pi_开头
                          po_name2   OUT NUMBE-R,
--参数说明2,返回参数以 po_开头
                          pio_name3 IN OUT NUMBE-R
--参数说明3,传入返回参数以 pio_开头
                          ) AS
```

```
/*必须有简要的日志说明
日期：20160101
作者：存储
内容：完成数据操作
--
日期：20160201
作者：过程
内容：修改了部分语句，提高了速度
--
日期：20160301
作者：演示
内容：统一编写风格
*/
--游标说明
CURSOR c_name1 IS
   SELECT field1, field2
     FROM table1
    WHE-RE field3 = '1';

CURSOR c_name2(p_name1 CHAR) IS
   SELECT field1, field2
     FROM table2
    WHE-RE field3 = p_name1;


v_name1   VARCHAR2(100);      --变量说明1，普通变量以v_开头
v_name22  NUMBE-R(10);        --变量说明1
v_name3   NUMBE-R;

vc_name1 c_name1%ROWTYPE;--游标变量以vc_开头

BEGIN

   v_name1  := '1';      --变量赋值说明1
   v_name22 := 2;        --变量赋值说明2

   FOR vc_name1 IN c_name1 LOOP
      --游标、循环注释
      IF 1 = 1 THEN
         --条件注释1
         NULL;
      ELSIF 2 = 2 THEN
         --条件注释2
         NULL;
      END IF;
```

```
        END LOOP;

        FOR vc_name1 IN c_name2(pi_name1) LOOP
            CASE v_name3
                WHEN 1 THEN
                    NULL;
                WHEN 2 THEN
                    NULL;
                ELSE
                    NULL;
            END CASE;
            SELECT seq_name.NEXTVAL
              INTO v_name3
              FROM dual;
        END LOOP;

        BEGIN
            --特殊情况下，使用指定索引
            SELECT /*+index(Table1,IDX_Table11)*/
                field1, field2, field1, field2, field1, field2, field1, field2,
field1, field2, field1, field2
                INTO v_name1, v_name3, v_name1, v_name3, v_name1, v_name3, v_name1,
v_name3, v_name1, v_name3, v_name1,
                     v_name3
              FROM table1
             WHE-RE field3 = v_name22
               AND field4 = v_name22;

            INSE-RT INTO table2
                (field1, field2)
            VALUES
                (v_name1, v_name3);
/*
日期：20160301
作者：A君
内容：取消原来的删除，改为更新
            DELETE
              FROM table3
             WHE-RE field1 = v_name22
               AND field2 = v_name22;
*/
            UPDATE /*+index(Table4,IDX_Table41)*/ table4
               SET field1 = v_name22,
                   field2 = v_name22
             WHE-RE (field3 = v_name22 OR field4 = v_name22)
```

第14页 第17页

```
            AND field = 1;
    EXCEPTION
        WHEN OTHE-RS THEN
            NULL;
    END;
EXCEPTION
    WHEN OTHE-RS THEN
        pro_name2(pi_name1, pio_name3);
END pro_name;
/
```

6.2 数据库设计文档格式

表

- 表名
- 说明

用途	
是否为关键表	
原系统表名	
重复和冲突	
数据来源	
数据保密性描述	区域限制和权限限制
可能的修改	

- 字段

编号	字段名称	字段意义	数据类型	可空	默认值
1					
2					
3					
4					
5					
6					

- 关键字

编号	字段名称	关键字类型	关联表	说明
1				
2				

第15页 第17页

■ 字段说明

编号	字段名称	说明
1		
2		

■ 搜索字段

编号	字段名称	说明
1		
2		

■ 索引

编号	名称	字段	说明
1			
2			
3			

■ 触发器

编号	名称	对应文件	说明
1			
2			
3			

■ 数据量

估计每日数据量：

估计最大数据量：

数据量太大引起的问题和处理办法：

■ 备注

视图

编号	名称	对应文件	说明
1			
2			
3			

第16页　第17页

■ 存储过程

编号	名称	对应文件	说明
1			
2			
3			

处理流程图：

报表

■ 说明

用途	
统计条件	
涉及表	
涉及字段	
可能的修改	
建议统计策略	

参考文献

[1]　[美]William R. Stanek. SQL Server 2008 管理员必备指南[M]. 贾洪峰译. 北京：清华大学出版社，2009.

[2]　SQL Server 开发人员中心. Microsoft SQL Server[EB/OL]. http://msdn.microsoft.com/zh-cn/sqlserver.

[3]　王寅永，李降宇，李广歌. SQL Server 深入详解[M]. 北京：电子工业出版社，2008.

[4]　虞益诚. SQL Server 2005 数据库应用技术[M]. 2 版. 北京：中国铁道出版社，2009.

[5]　王玉，粘新育. SQL Server 数据库应用技术[M]. 北京：中国铁道出版社，2008.

[6]　崔群法，祝红涛，赵喜来. SQL Server 2008：从入门到精通[M]. 北京：电子工业出版社，2008.

[7]　徐志立. 数据库实用技术：SQL Server 2008[M]. 北京：中国铁道出版社，2013.